老年人网络新生活丛书

网 络 聊 天

主编：陈露晓
分册主编：郭旭光　木胜玉

中国社会出版社

图书在版编目(CIP)数据

网络聊天/陈露晓主编．－北京：中国社会出版社，
2009.10

（老年人网络新生活丛书）

ISBN 978－7－5087－2835－3

Ⅰ．网…　Ⅱ．陈…　Ⅲ．计算机网络－基本知识

Ⅳ．TP393

中国版本图书馆 CIP 数据核字(2009)第 167967 号

书　　名	：网络聊天	
主　　编	：陈露晓	
分册主编	：郭旭光　　木胜玉	
责任编辑	：侯继刚	
出版发行	：中国社会出版社	邮政编码：100032
通联方法	：北京市西城区二龙路甲 33 号新龙大厦	
	电　　话：(010)66080300　(010)66083600	
	(010)66085300　(010)66063678	
	邮购部：(010)66060275　电　传：(010)66051713	
网　　址	：www.shcbs.com.cn	
经　　销	：各地新华书店	
印刷装订	：北京通天印刷有限责任公司	
开　　本	：145mm×210mm　1/32	
印　　张	：4.75	
字　　数	：102 千字	
版　　次	：2010 年 1 月第 1 版	
印　　次	：2014 年 3 月第 4 次印刷	
定　　价	：10.00 元	

《老年人网络新生活丛书》编委会

丛书主编：陈露晓

分册主编：郭旭光　木胜玉

编委会成员：孙晓磊　胡　杨　王　玮　王兴佳
　　　　　　　陈　铀　于　凌　申　卉　木胜玉
　　　　　　　喻亚男　翟文婧　魏雅洁　张联刚
　　　　　　　张俸骅　耿　毅　李彦涛　郭旭光
　　　　　　　孔　坤　付　强　丁嘉尚

前　言

21世纪是以信息技术和互联网为标志的数字化时代。伴随着生活水平和文明程度的提高,网络已逐步成为人们日常生活中获取信息、交流沟通、娱乐休闲的必备工具。通过网络,人们可以进行无纸化办公,处理日常生活和工作中的各种事务,可以快捷地与人进行沟通交流,如收发电子邮件、QQ在线聊天;可以自由地享受各种信息服务,如浏览新闻、查看各种资讯、网上便捷购物;可以畅意地娱乐,如听音乐、看电影、下象棋、打牌,等等。

网络,已成为我们现实生活中一个重要的组成部分。然而作为一项新的科技成果,网络知识的普及仍然是一个亟待解决的问题。主要表现如下:

对于年轻一代,尽管懂得电脑和网络的应用,但知之不全,表现为,懂得建博客的人,未必懂得图像处理;懂得网络游戏的人,未必懂得电脑维护等。对于年长一点的,有的只会电子邮件的收发,有的只会简单的文字处理,有的只会QQ聊天,且年龄越长的普遍表现出对电脑和网络的应用知识越贫乏。

为此,我们编写了该套网络新生活丛书,且立意主要是为广大老年朋友进行电脑和网络使用的技术指导,并提供最便捷的应用服务。

据一项调查显示,在接受调查的 60 岁以上老人中,有 60％的人希望学习如何使用计算机及怎样上网冲浪,其中,70％以上的人相信电脑可以帮助他们与社会保持联系和更好地了解世界,40％以上的人说学习电脑可以拉近他们与孩子们的距离,使他们更好地沟通。

可见网络知识普及对中老年人来说更有需求渴望。另外与青少年相比,中老年人具有以下三个方面的特点:

时间充裕。许多退休老人虽年过花甲但精神矍铄,没有明显老态。然而奔波劳碌之后的余暇,总不能天天碧波潭边垂钓、树荫凉下下棋吧? 上网又将成为他们的另一乐趣。

人老心不老。退下岗位的老人们,具有丰富的社会阅历,对社会的变化十分关注,尤其是对自己曾为之奋斗的事业仍有一种参与的愿望,总希望从各个方面了解有关信息,或通过一些途径提出自己的建议。网络将成为他们介入社会的重要渠道。

生活基本自足。到了退休年龄的人,吃、穿、用的花费相对不多,而其退休工资却相对能自足。上网也就自然构成了他们生活中的另一道风景线。

基于此,我们着力打造本丛书的三个特色:

一是全。其内容涵盖网络基础、电脑维护、文档编辑、网络资源下载、网络视听、博客人生、网络冲浪、网络阅读、网络聊天、网上休闲、网络照相与摄像、网络理财等,包罗了网络使用时所有能遇到的问题。其目的是给老年人提供多种网络技术服务，以期构建他们多彩的网络生活。

二是浅。即浅显易懂，运用最通俗的语言文字和大量上网图片，给读者奉献最直观的文字信息和分解步骤讲解，以便读者能速学速会。这主要是为了解决年长者学习网络知识的实际困难。40多岁的人，生活节奏快，需要一学就会；50多岁的人，电脑知识底子薄，需要手把手地教；60岁以上的老者，接受新知识慢，需要图文并茂地一步一步尝试。

三是趣。纯技术上的学习往往是枯燥和乏味的，为了强化其可读性，本书摒弃技术讲述的专业拗口和晦涩难懂的弊病，力求以通俗、富有生活情趣的语言和鲜活的上网操作案例，来激发老年朋友们的阅读兴趣。

为此，该套丛书以老年人上网知识普及为着笔点，以实际操作性极强的手法行文，打破技术陌生的心理障碍，同时配有大量的上网界面图，来加强操作学习过程中的直观性，让老年朋友们网络冲浪无障碍，真正成为老年朋友们上网的伴侣和中青年朋友上网的宝典。

目 录

第一章

常用网络聊天工具简介

　　信息交流是我们工作、生活的重要组成部分,随着通信技术、互联网技术的不断发展,人与人之间的沟通变得更加简单和方便,沟通方式也不再只是写信、打电话这样单一。E－mail、网络电话、网络聊天等都是新兴的沟通聊天方式,这些即时通信工具的出现拉近了人与人之间的距离。本章主要为您简单介绍目前在网络上比较流行的几种即时聊天工具,在您学习了这些简单易学的软件之后,您就可以根据您的需要在网上与您的亲朋好友时刻保持联系啦!而且,在某种程度上,您还可以扩大自己的交际圈哦!

一、网络聊天是怎么回事呢

网络聊天工具在狭义上来讲就是一种即时通信工具，所谓的即时通信工具其英文名称是 Instant Messaging，简称 IM，支持用户在线实时交谈。如果要发送一条信息，用户需要打开一个小窗口，以便让用户及其朋友在其中输入信息并让交谈双方都看到交谈的内容。

通常 IM 服务会在使用者通话清单（类似电话簿）上的某人连上 IM 时发出信息通知使用者，使用者便可据此与此人通过互联网开始进行实时的通信。除了文字外，在频宽充足的前提下，大部分 IM 服务事实上也提供视频通讯的服务。实时传讯与电子邮件最大的不同在于不用等候，不需要每隔两分钟就按一次"传送与接收"，只要两个人都同时在线，就能像多媒体电话一样，传送文字、档案、声音、影像给对方，只要有网络，无论双方隔得多远都没有距离。

即时通信工具使用频率之高，超出任何一种网络软件。即时通信软件已经有将取代电子邮件，成为最流行的互联网通信工具之势。作为使用频率最高的网络软件，即时聊天已经突破了作为技术工具的极限，被认为是现代交流方式的象征，并构建起一种新的社会关系。它是迄今为止对人类社会生活改变最为深刻的一种网络新形态，没有极限的沟通将带来没有极限的生活。

互联网诞生于传统的电话网络，通讯交流可以说是互联网天然的应用之一。电子邮件就是最重要的通讯交流工具，是互联网最早的"杀手级应用"。此后兴起的网络论坛和网络聊天室都是网络聊天的前身。但是，个人对个人网络聊天的真正崛起还是需要从 ICQ 的传奇故事开始。

虽然,互联网是典型的美国产物,但是与万维网由欧洲人发明一样,ICQ 也不是美国人的杰作。对于没有专家指导也没有受过专门教育和培训的四个犹太年轻人来说,能够在三个月内发明 ICQ 这个在因特网上掀起风暴的新技术,应该说是个奇迹。高德、菲因格等四名 20 多岁的发明人最初的种子基金是向其中一位的父亲借贷的,并在美国硅谷开始了创业历程。后来,美国在线公司三年内分两次共向其投入 4 亿多美元,使 ICQ 技术得到进一步发展和完善。2001 年 5 月,全球 ICQ 的用户就已经达到了 1 亿。

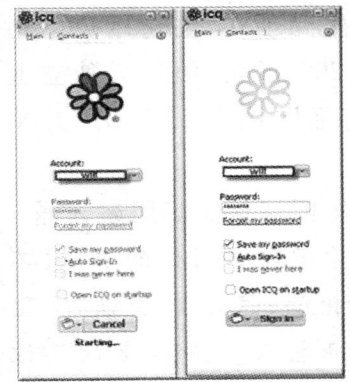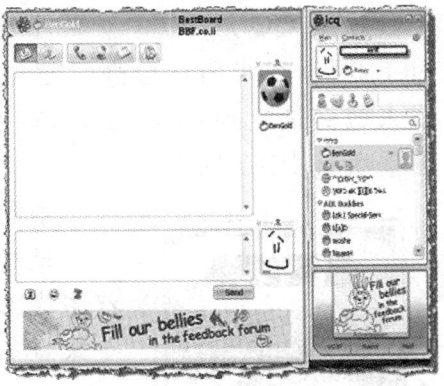

图 1—1　ICQ 的登录界面以及聊天界面

　　ICQ 源自以色列特拉维夫的 Mirabilis 公司(成立于 1996 年 6 月)。Mirabilis 这个单词是拉丁文中"神奇"的意思。ICQ 就是英文"I Seek You"简称,中文意思是:我找你。这是一款网络即时通信传呼软件,支持在互联网上面聊天,发送消息、网址及文件等功能。在你上网时,用 ICQ 可以很快地找到你的朋友,当然他也必须装上这个软件。

美国在线地（AOL）购买下 ICQ 以后推出功能更加强大的
99A、99B、2000 等版本，内建了搜索器，另外连网页的制作
都可以由 ICQ 独立完成，不用另寻免费空间就可以使用。
当你使用时进行适当的设置，你的电脑就成了一个服务
器，网友们通过你的电脑就可进入到你的主页参观。

聊天一直是网民们上网的主要活动之一，网上聊天的
主要工具已经从初期的聊天室、论坛变为以 MSN、QQ 为
代表的即时通信软件。大部分人只要上网就会开着自己
的 MSN 或 QQ。据统计，迄今为止，全球约有一亿多人使
用即时通信软件在网上交流。中国网民惯用的即时聊天
工具腾讯 QQ 从 1999 年 2 月诞生到现在，注册用户已超
过 1.6 亿，在线用户最高时超过 200 万人，而每天独立上
线人数更是达到 1200 多万，拥有活跃用户 5500 万，几乎
覆盖所有中国网民。

中国即时通信市场风起云涌

说起中国即时通信的历史，不
得不提马化腾，这个戴着眼镜、温
文尔雅的年轻人。1998 年的腾讯
创始人马化腾还是个睡沙发、吃盒
饭的总裁，当他与另外两个"元老"
一起挤在深圳赛格科技园 4 楼一间几十平方米的小房办
公时，他的名片上甚至从来都不敢印"总经理"的头衔，而
只印着"工程师"字样——马化腾当时的唯一期望，只是公
司能生存下来。他更没想到仅 5 年之后，自己因此就一夜
之间成了身价 8 亿港元的富豪。

聊天其实一直是网民们上网的主要活动之一，只不
过，当时网上聊天的主要工具只有聊天室。即时通信的出

现并不像后来所描写的"很自然地崛起",出身于著名寻呼企业——润讯的马化腾最初做的只是与寻呼业相关的 ICQ 软件。只是当电信寻呼、联通寻呼、润迅寻呼等大寻呼企业都用上了这种网络寻呼机,给马化腾他们赚来了第一桶金后,腾讯才瞄上了在国外正热的互联网产业。1999 年,腾讯正式提供互联网的即时通信服务。

新浪在这个领域也可以说是先行者,早在 1999 年,新浪就推出了一款 IM 工具叫 Sinapager。当时这款工具的功能应该说已经很强大了,比腾讯的 QQ 毫不逊色,而且当时用户群并不少。只是新浪当时没有那么专注于 IM 领域上。

从前,并没有多少人认为即时通信会有多大出路,因为这种需要随时在网上的聊天工具一直受制于互联网的拨号上网。这导致 QQ 用户数一增加就要不断扩充服务器,马化腾甚至都坚持不下去了,一度决定将 QQ 卖掉。只是买家深圳电信数据局准备出 60 万元,而马化腾坚持要卖 100 万元,最终因为价格无法达成一致而告终。

但是,当马化腾在 2003 年第一次进入"福布斯中国富豪榜"第九十九名,腾讯宣布 QQ 同时在线人数达到 492 万时,互联网业开始为即时通信沸腾了。先是网易开始发力,在北京推出了新版的即时通信软件网易泡泡 2004;然后是新浪花 3600 万美元收购已有巨大用户群的 UC,加上搜狐在 2004 年初推出的即时通信软件"搜 Q"的奋力一搏以及微软的 MSN 也进入中国插一脚。门户网站们显然希望能够通过自己长久以来累积的用户忠诚度在该领域有所作为。一时之间,即时通信与搜索引擎一起,成了最热门的互联网领域。以至于在即时通信登录软件上做一些插件的增值服务公司也层出不穷。

客观上来说，电信运营商对宽带投入的大幅增长导致互联网的更普及，是即时通信繁荣的物质基础；而几个门户网站纷纷选择发力即时通信市场，不仅仅是简单地给自己补课，更是促进了即时通信的普及。

2005 年，EBay 以数亿美金的代价收购了做语音即时通信登录软件的 Skype，之前，搜索引擎巨头 Google 也开发了自己的语音即时通信聊天工具 Google Talk。国际巨头的动作预示着，即时通信公司正在向多元化经营和语音通讯的方向发展。

同样的变化也发生在中国，2004 年微软的 MSN 进中国时，签下了数家做内容的网站进行门户式的扩张；而腾讯则公开宣布要靠即时通信多年积攒的用户数做基础，向门户和 C2C 电子商务方向进军；新浪的 UC 则在向视频增值服务的方向发展。即时通信产业的明天同样充满了变数和期待。

二、常见的网络聊天工具

1. ICQ

ICQ 的意思是"I Seek You"。1996 年 6 月，四个以色列年轻人在使用因特网时，深感实时和朋友联络十分不便，于是为了在 Internet 上建立一个实时的联络方式，而成立了 Mirabilis 公司。1996 年 11 月，第一版 ICQ 产品在 Internet 上发表，立刻被网友们接受，然后就像传道一样，一传十、十传百地在网友间互相介绍这个产品。由于反映出奇地好，这个刚成立不久的公司，在 Internet 历史上就拥有最大下载率。到了 1996 年 5 月就有 85 万个使用者注册，在一年半后，就有 1140 万个使用者注册，其中有 600 万人有在使用 ICQ，每天还有将近 6 万人进行注册。人潮便是商机，美国网络服务公司（American Online 简称 AOL）看准了这个 1000 多万的人潮，1998 年 6 月，花了 2.86 亿美金，收购了研发 ICQ 的以色列 Mirabilis 软件公司，这个记录创下了网络发展史上的另一个奇迹。ICQ 虽然作为网络聊天工具的先驱，但这个软件在中国并不普及。

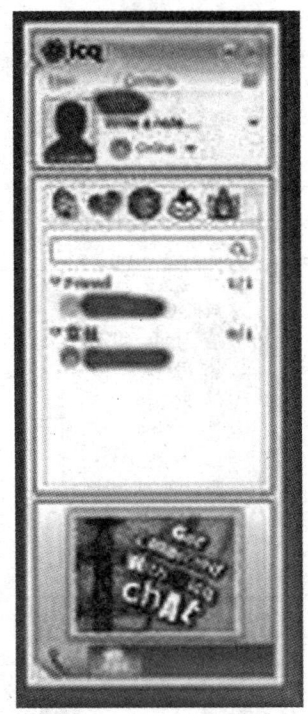

图 1-2　ICQ 的聊天界面

2. MSN

MSN 全称 Microsoft Service Network，也就是微软网络服务，MSN 的最新版本是 Windows Live Messenger 9.0。

MSN 9.0 是一种 Internet 软件，它基于 Microsoft 高级技术，可使您和您的家人更有效地利用网络。MSN9.0 是一种优秀的通信工具，使 Internet 浏览更加便捷，并通过一些高级功能加强了联机的安全性。这些高级功能包括家长控制、共同浏览网络、垃圾邮件保护器等。

图 1-3　MSN 的聊天界面

3. QQ

1996 年,马化腾接触到了 ICQ 并成为它的用户,他亲身感受到了 ICQ 的魅力,也看到了它的局限性:一是英文界面;二是在使用操作上有相当的难度,这使得 ICQ 在国内的使用虽然也比较广,但始终不是特别普及,大多局限于"网虫"级的高手里。马化腾和他的伙伴们一开始想的是开发一个中文 ICQ 的软件,然后把它卖给有实力的企业,腾讯当时并没有想过自己经营需要投入巨大资金而又挣不了钱的中文 ICQ。当时是因为一家大企业有意投入较大资金到中文 ICQ 领域,腾讯也写了项目建设书并且已经开始着手开发设计 OICQ。到投标的时候,腾讯公司没有中标,于是腾讯决定自己做 OICQ。要知道,当时腾讯给 OICQ 标的价格才仅仅为 30 多万元而已。到后来腾讯开始迅速发展的时候,马化腾十分合时宜地说:"我们需要自己的中文网络软件,我们需要自己的 ICQ!"但事实上,腾讯推出 OICQ 纯属是一个偶然,如果那家大企业没打算投入资金到中文 ICQ 领域,也就不会有 OICQ,如果腾讯公司中了标,也就不会有腾讯的 OICQ。腾讯的成功某种程度上说一半是运气,一半是实力。(见下图 1-4QQ 聊天界面)

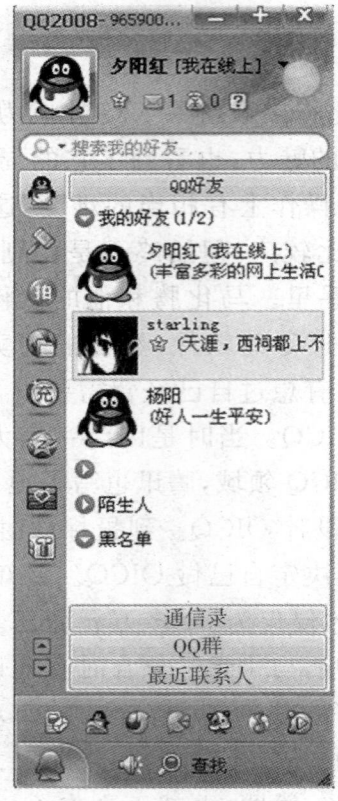

图 1-4　QQ 聊天界面

4. 百度 Hi

2008 年 2 月 29 日,百度 IM 软件"百度 Hi"问世。百度 Hi 是一款集文字消息、音视频通话、文件传输等功能的即时通信登录软件,通过它您可以方便地找到志同道合的朋友,并随时与好友联络感情。

百度 IM 的出世,就目前而言,不会立刻改变即时通信市场格局,对腾讯 QQ 和 MSN 暂时不会有很大的冲击力。

但腾讯和 MSN 也面临着未来百度 IM 发展壮大的威胁。IM 作为电子商务最有效的一种沟通工具,百度自然不可能使用其他企业的产品作为用户交流工具。另外还有一个推出 IM 的原因,那就是强化百度社区、百度贴吧用户群体的稳定性。目前的"百度 Hi"即时通信产品可以达到串联产品、整合用户的作用,百度用户群体可以通过"百度 Hi"自由切换百度空间、百度贴吧、百度搜索来完成产品一系列的运作,达到活跃与互动。

图 1-5 百度 Hi 聊天界面

即时通信的问路者——聊天室

聊天室按功能分类,可分为语音聊天室和视频聊天室。

语音聊天室:即聊天过程中以语音为基础进行交流,为了避免聊天室太混乱,就引入了"排麦"的概念,即要讲话的都点击自己的麦,加入下次发言的队列中,按先申请先发言的规则来玩。

视频聊天室:一般集合了语音聊天与文本聊天,视频聊天过程中对网络带宽要求更高,电脑需配置有摄像头才能发送视频信号,真正做到面对面的聊天。

传统聊天室与即时通信软件有很多相同之处。比如,他们都能与多人进行对话,都能用语音进行聊天等等,但他们也有着许多不同之处。其一就是即时通信登录软件实现了实时的在线的点对点的连接,通俗地讲,就是聊天的人如果只愿意对聊天室中的一个或者几个人讲话,那么即时通信登录就是很好的工具。第二,聊天室里的人的身份是不固定的,自由度比较大,任何人都能随意进入或者离开聊天室,而在目前的即时通信登录聊天软件中,参与者的身份相对固定,群组成员的讨论也是比较固定的。另外,聊天室不需要安装任何软件,只要电脑能连上网络并安装了网页浏览器,就能实现聊天的愿望。而 IM 的要求就更高些,它要求用户必须首先下载并安装该软件,对其进行设置以后才能够实现其功能。当然,聊天室现在依然存在着,但是其影响力已经远远追不上 IM 的脚步了。

小提示

阿里旺旺

　　阿里旺旺——是将原先的淘宝旺旺与阿里巴巴贸易通整合在一起的新品牌。是淘宝网和阿里巴巴为商人量身定做的免费网上商务沟通软件。它能帮您轻松找客户,发布、管理商业信息;及时把握商机,随时洽谈做生意。这个品牌分为阿里旺旺(淘宝版)、阿里旺旺(贸易通版)以及阿里旺旺(口碑网版)三个版本。这些版本之间支持用户互通交流。但是,如果你想同时使用与淘宝网站和阿里巴巴中文站相关的功能,仍然需要同时启动淘宝版和贸易通版。目前贸易通账号需要登录贸易通版阿里旺旺,淘宝账号需要登录淘宝版阿里旺旺,口碑网账号登录口碑网版的阿里旺旺。阿里旺旺贸易通版是以前贸易通的升级版本,在原来贸易通的基础上,新增了群发和阿里旺旺口碑版、淘宝版用户互动聊天、动态表情、截屏发图等新功能,贸易通用户可以用原来的用户名直接登录使用。

第二章
腾讯 QQ

一、您知道 QQ 么

腾讯 QQ 是由深圳市腾讯计算机系统有限公司开发的一款基于 Internet 的即时通信（IM）软件。我们可以使用 QQ 和好友进行交流，信息和自定义图片或相片即时发送和接收，语音视频面对面聊天，功能非常全面。此外 QQ 还具有与手机聊天、BP 机网上寻呼、聊天室、点对点断点续传输文件、共享文件、QQ 邮箱、备忘录、网络收藏夹、发送贺卡等功能。QQ 不仅仅是简单的即时通信软件，它与全国多家寻呼台、移动通信公司合作，实现传统的无线寻呼网、GSM 移动电话的短消息互联，是国内最为流行、功能最强的即时通信（IM）软件。腾讯 QQ 支持在线聊天、即时传送视频、语音和文件等多种多样的功能。同时，QQ 还可以与移动通信终端、IP 电话网、无线寻呼等多种通信方式相连，使 QQ 不仅仅是单纯意义的网络虚拟呼机，而且是一种方便、实用、高效的即时通信工具。在平时，人们口中 QQ 有很多很可爱的名字，如球球、俊俊、秋秋等等。

随着时间的推移，根据 QQ 所开发的附加产品越来越

多,如：QQ 游戏、QQ 宠物、QQ 音乐、QQ 空间等,受到QQ 用户的青睐。

为使 QQ 更加深入生活,腾讯公司开发了移动 QQ。只要申请移动 QQ,用户即可在自己的手机上享受 QQ 聊天,每个月缴纳固定的费用。不过这对手机配置要求很高。

QQ 的发明者——马化腾

1993 年,毕业于深圳大学计算机系的马化腾选择了自己的专业本行,到深圳润讯做寻呼软件开发工作。工作之余,这个文静的年轻人最大的爱好就是上网。当时的深圳,真正了解互联网的人还不多,马化腾是最早的一批网虫之一。

一个偶然的机会,马化腾看到了基于 windows 系统的 ICQ 演示,他开始思考是否可以在中国推出一种类似 ICQ 的集寻呼、聊天、电子邮件于一身的软件。1998 年 11 月,马化腾利用炒股所得的资金与大学同学张志东注册了自己的公司,这就是腾讯之始。

目前,QQ 用户 3.4 亿,其中的活跃用户超过一亿多,而且这个纪录以每天 39 万的增幅不断被刷新。马化腾创建的腾讯公司不仅在 4 年内改变了 1/13 的中国人的沟通习惯,而且还创造了一种文化。时尚的青年男女们背着企鹅背包、穿着 QQ 服装、床头摆着 QQ 相架、床上扔着 QQ 靠枕……要做 QQ 一族他们逢人便说:"别 CALL 我,Q 我。"许多网民将 QQ 视为通往另一个世界——网络虚拟

世界的"载人飞船",在那个虚幻空间里,他们尽情展示着在现实生活中没有机会表现出来的才情、智慧和幽默,寄托着他们在现实生活之中未得到满足的许多情感和夙愿。

二、怎样下载和安装 QQ

点击 http://im.qq.com/qq/页面上的"下载"按钮即可获得最新发布的 QQ 正式版本。

若您想体验最新的 QQ 测试版本,请进入 http://im.qq.com/的"最新资讯"栏目页面下载即可。开始安装,在出现的《腾讯 QQ 用户协议》中选择"我同意",然后继续点击"下一步"进行安装。

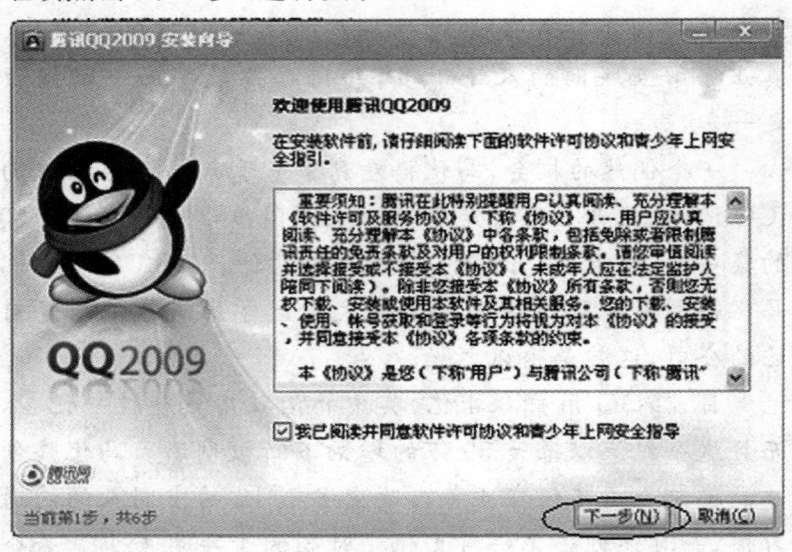

图 2-1　QQ 安装界面

在此界面点击"下一步",在默认目录安装 QQ 或点击

"浏览"选择您的 QQ 安装目录。

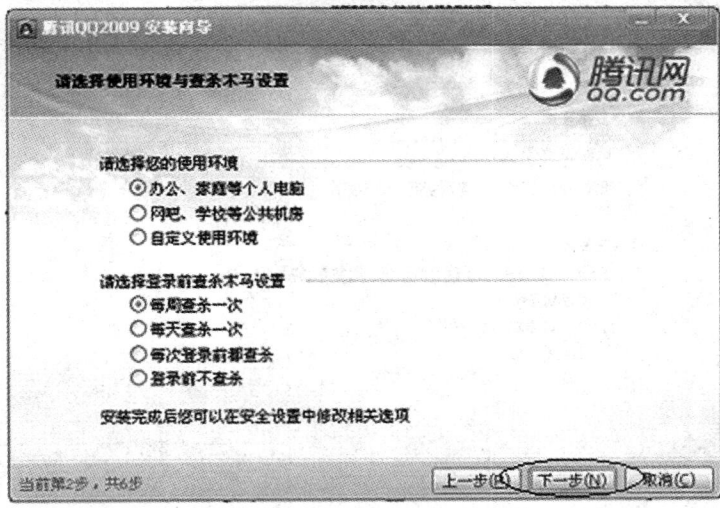

图 2—2 QQ 安装向导

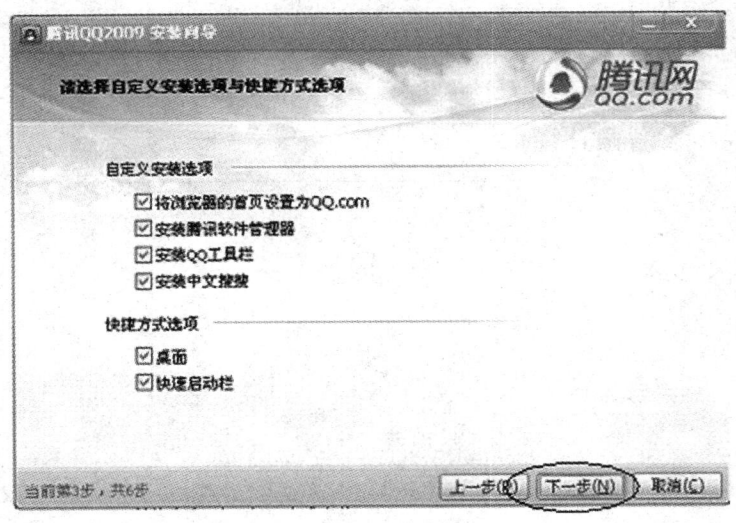

图 2—3 QQ 安装向导

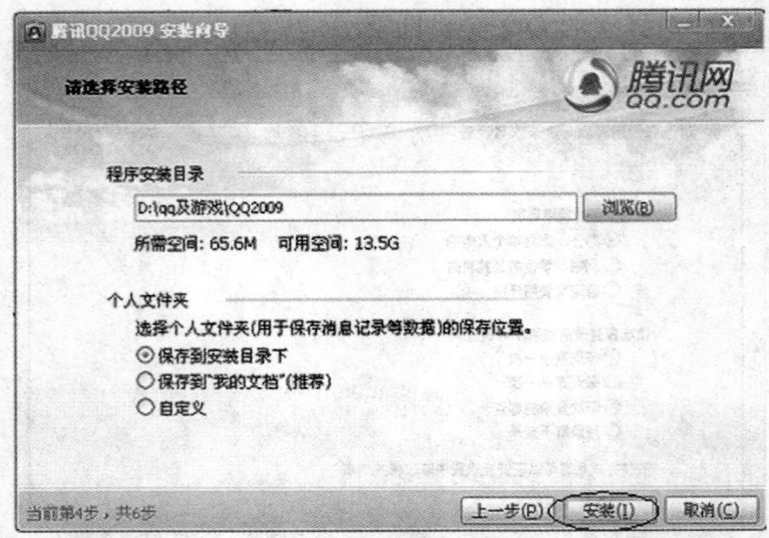

图 2-4　QQ 安装向导文件选择

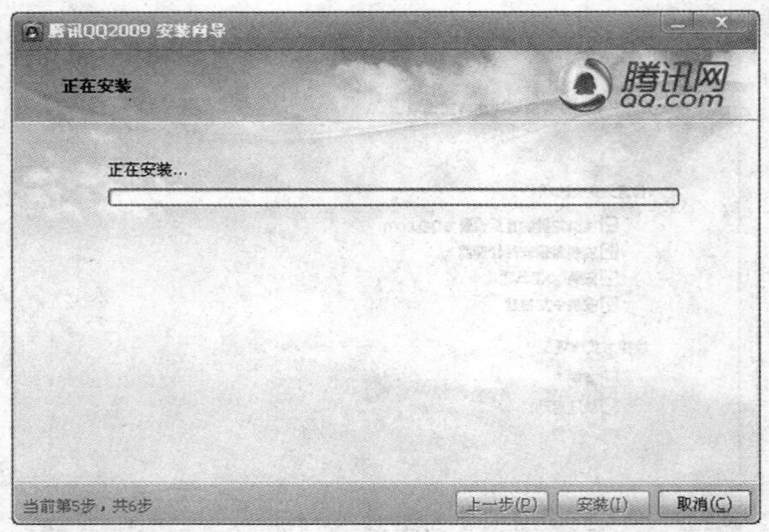

图 2-5　QQ 安装界面

继续点击"下一步",完成安装。

图 2-6 QQ 安装完成

点击"完成"即可上 QQ 啦!

在 QQ 安装过程中,会有一些捆绑软件的安装,如果你不需要这些软件,可以在选择时将这些软件之前的小框中的√去掉即可。

三、申请属于自己的 QQ 账号

首先登录 http://www.qq.com 这个网址,网页的最上边有几个图标,有一个是 QQ 号码,进去后,左边有一个栏(左上角)即可免费申请 QQ。如图 2-7 所示。

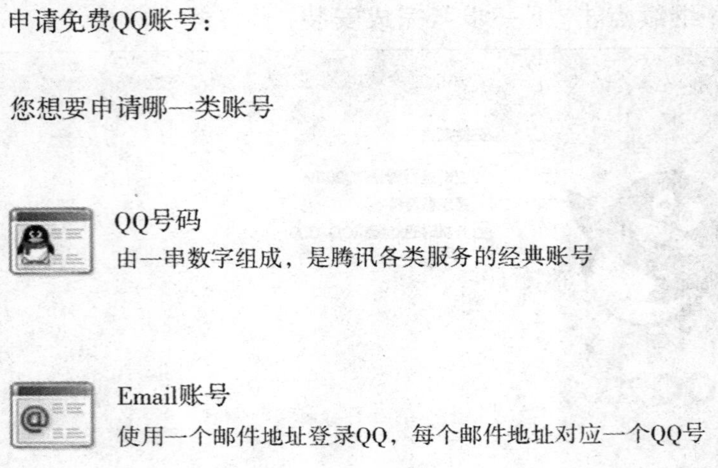

申请免费QQ账号：

您想要申请哪一类账号

QQ号码
由一串数字组成，是腾讯各类服务的经典账号

Email账号
使用一个邮件地址登录QQ，每个邮件地址对应一个QQ号

图 2—7　QQ 免费申请界面 1

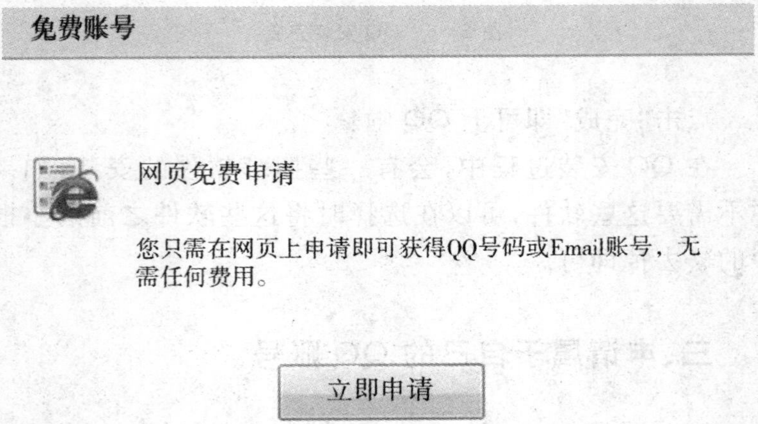

免费账号

网页免费申请

您只需在网页上申请即可获得QQ号码或Email账号，无需任何费用。

立即申请

图 2—8　QQ 免费申请界面 2

点击立即申请，出现图 2—8 所示的对话框，点击 QQ 号码，依次填写信息：(1)填写基本信息；(2)验证密码保护信息;⑶获得 QQ 号码。其中 * 为必填内容,其他没有 * 号的可以不填,以节省时间。点击下一步,此时会有问题重置,您按照上一步所填写的内容依次填写,这样就可申请到 QQ 号码。如图 2—9 所示,您的 QQ 号申请成功,其中如"965900681"是您申请到的 QQ 号,利用这个申请到的号,您就可以 QQ 聊天啦。

恭喜您,申请成功了

您申请的号码为:**965900681** 快去体验QQ带给您的无穷乐趣吧。

建议您现在就去验证email和手机,以获得帐号的永久保护。 什么是QQ帐号永久保护?

图 2—9 QQ 申请成功界面

四、管理 QQ 资料

点击您 QQ 界面上的头像,跳出如图 2—10 所示对话框,在这里您可以对自己的信息作修改。如您可以对用户昵称作修改,然后您可以在"个性签名"改您的个性签名。在这里给您介绍一些有趣的 QQ 签名:我的生命只剩下些了哭泣的声音;一个人的时候也是精彩;我不在的时候你一生的时间到底有多长呢,恐怕是谁也说不清;是否依然美丽;不大不小的天空;你的原野因你而存在;天地一样长;当彩灯再次开放,当雨中的倒影再次印照在心上,你与大地同在,我在心中叫着你的名。

关于性别、生肖等这些信息您也可以自由填写。然后按"确定"即可。

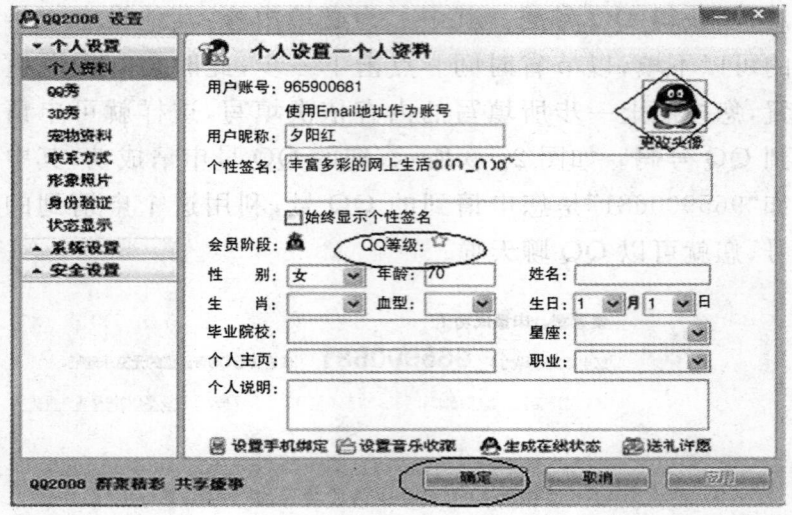

图 2—10   资料设置界面

有趣的 QQ 网名

和尚洗头用飘柔、小偷遇上贼、社会家属、登他爸、生活爱拉登、头草的春天、我是非洲小白脸、号称非洲第一白、他们逼我做卧底、宇宙小毛球、今年过节不收礼、四裤全输、把钱放在内裤、在墙头等红杏、猫托骡拉、做老大已多年、牵着老虎晒月亮。

下面介绍一下如何修改您的 QQ 头像。也许您会觉得 QQ 自带的头像不好看或者其他的原因，您想要自己修改头像。这样，您点击"修改头像"就会出现如图 2—11 所示的对话框，在头像区中您会有很多的头像选择，可根据自己的情况和喜好，点中喜欢的头像，按确定键即可。在您头像预览下方有个"本地上传"字样，这需要您的等级达到一个太阳时（如图 2—10 所示您的等级是一颗星），才可以有这个权利，等到那个时侯，您就可以选择网上的图片或者自己的照片作为头像啦！

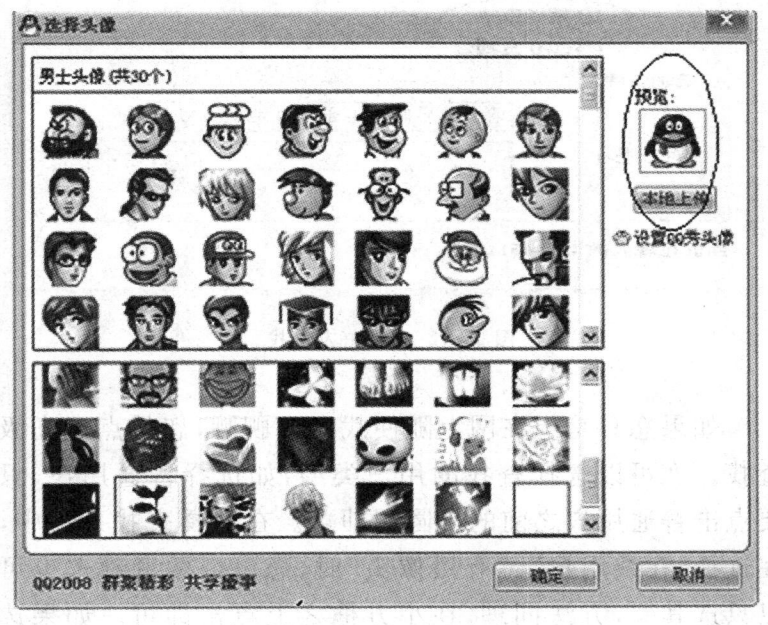

图 2—11　头像选择界面

五、找个 QQ 聊友

点击 QQ 右下角的"查找"选项，根据不同情况进行添加好友，一般情况下，您知道对方的号码时，就选"基本查找"，"精确查找"，输入对方号码，点击"查找"，这样即可添加好友。等待您的好友同意，你们就可以聊天。

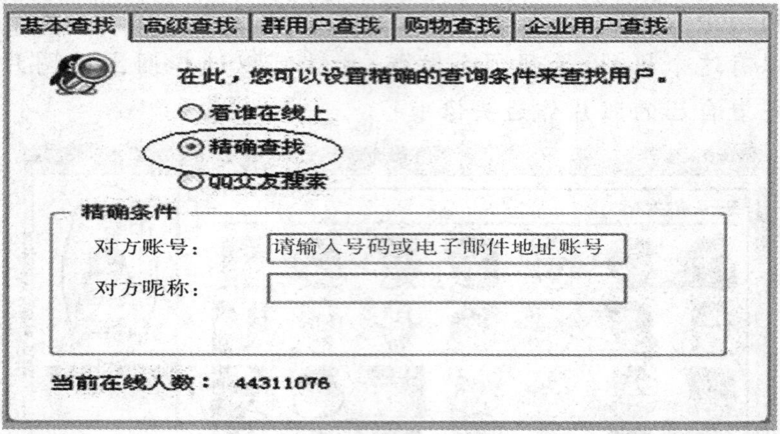

| 基本查找 | 高级查找 | 群用户查找 | 购物查找 | 企业用户查找 |

在此，您可以设置精确的查询条件来查找用户。

○ 看谁在线上
◉ 精确查找
○ QQ交友搜索

精确条件

对方账号： 请输入号码或电子邮件地址账号

对方昵称：

当前在线人数： 44311076

图 2—12　QQ 好友查找

　　如果您只是想在网上随便找个人聊聊,您就点击高级查找。您可以选择查找的用户类型,如选择普通用户,只要点击普通用户之前的小圆圈即可。在选择查找条件中,在选择"在线用户"、"有摄像头"时,您可以两者都选也可以只选其一,方法同理,在小方框之上点击即可。如果选择之后反悔不想这样选择,那么您可以再次点击,就去掉这个条件啦! 在省份这一栏,点击向下的箭头,您就可以选择省份了,如图 2—13 所示。如图 2—14 所示,选择城市,如图 2—15,选择您要聊天的联系人的年龄,如图 2—16 所示,您可以选择其性别。

图 2—13 QQ 联系人省份查找

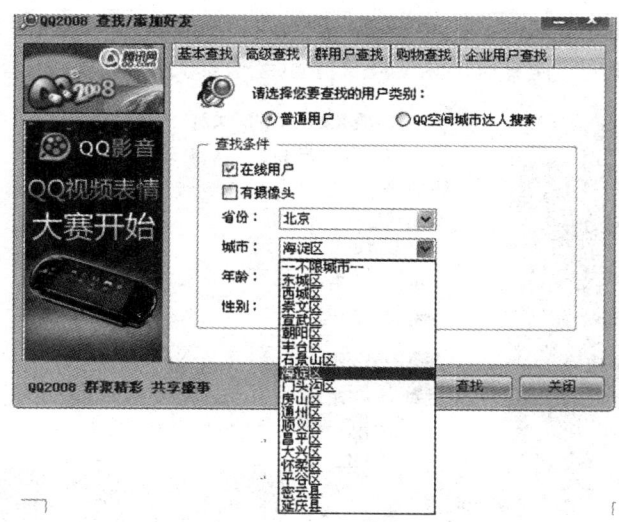

图 2—14 QQ 联系人城市查找

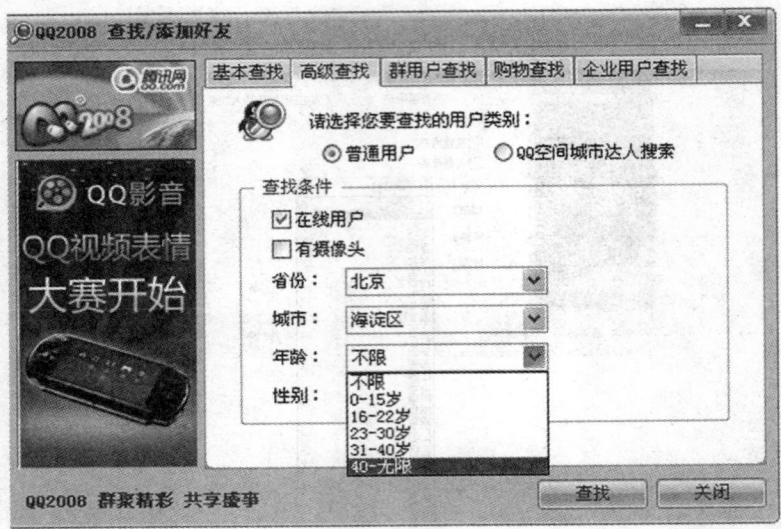

图 2—15　QQ 联系人年龄选择

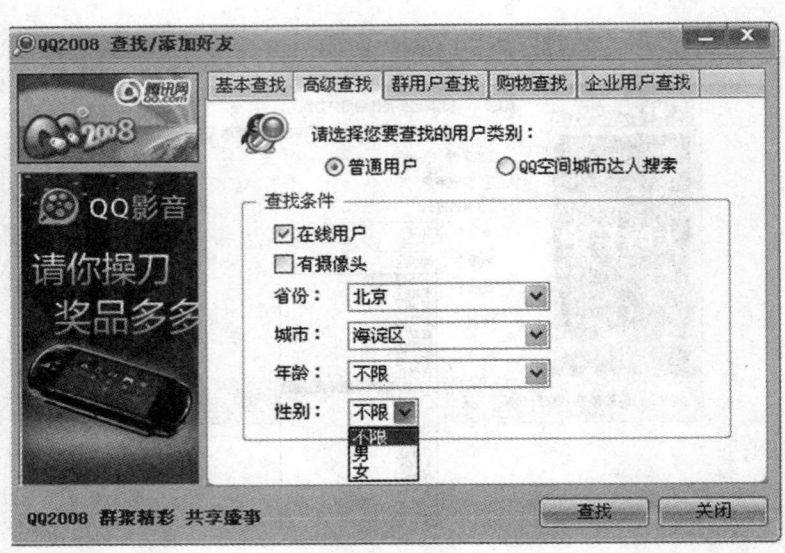

图 2—16　QQ 联系人性别选择

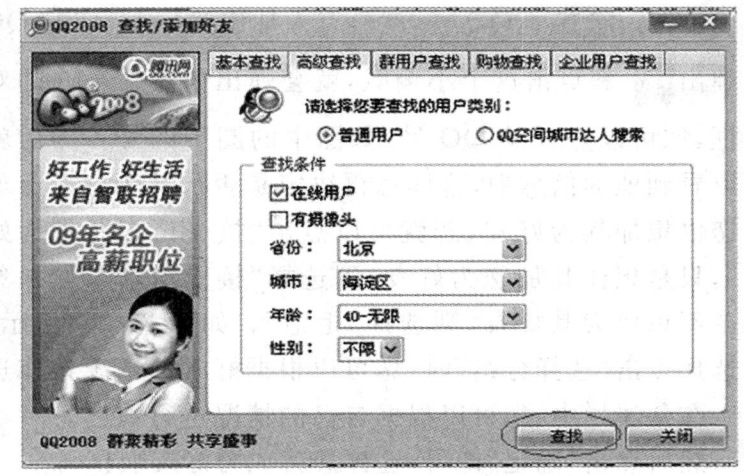

图 2—17　QQ 好友高级查找

　　根据图 2—17 所示的条件,点击查找,查到图 2—18 所示的人,选中他们,即可以加其为好友啦!

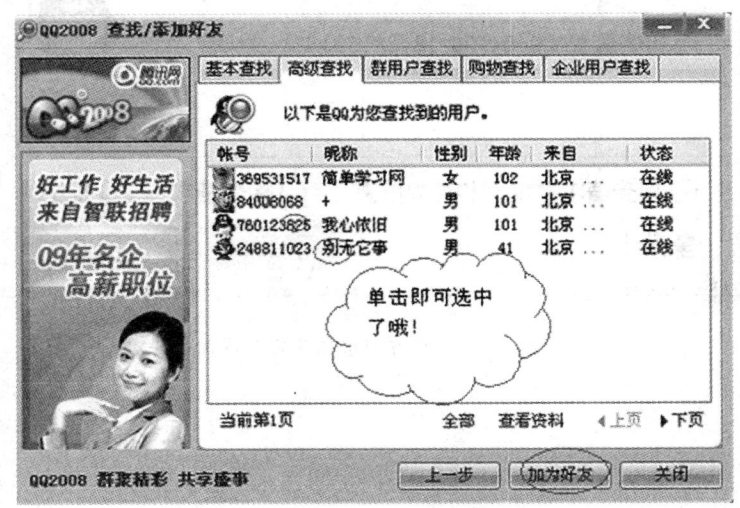

图 2—18　选中加为好友

相反,您有了 QQ 号,就会有人加您为好友,您的 QQ 会弹出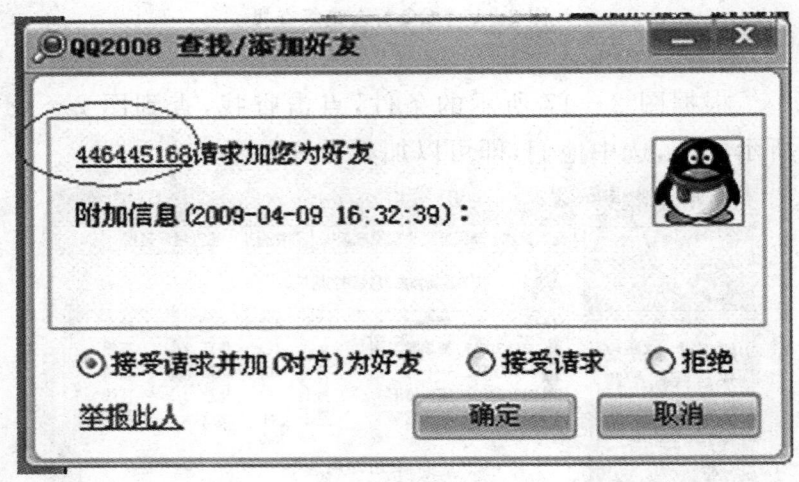,您点击这个小喇叭,就会弹出如图 2－19 的对话框,您可以点开其 QQ 号,如图中的圈中的号。然后就可以看到他的信息啦,这样您再决定是否加其为好友。如果您也想加其为好友,您就可以点击"接受请求并加为好友",只是想让其加您为好友,则选择"接受请求",如果您根本不想成为其好友,则选择"拒绝"。如图 2－20 所示,在选择点击"选择分组"时,您可以根据好友的情况再作选择。在备注栏中,您可以根据自己的情况进行取名,如"小雪",然后点击"确定"即可,这样您就成为好友啦!

图 2－19　对方请求加为好友界面

图 2—20　选择组和备注界面

　　呵呵，您还可以添加 QQ
群哦。在 QQ 群里，好多朋
友可以一起讨论，如图 2—12
所示。点击"群用户查找"，
根据 QQ 提供的查询方式，

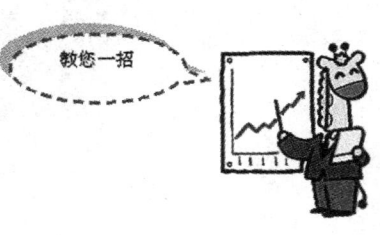

选择您要的查找方式，如果您已知道自己的群号，就可以
选择精确查找，输入群号等待群主的准入即可。

六、您的 QQ 好友管理

　　初次申请的 QQ 号，界面比较简单。您可以通过重新
设置您的 QQ 好友列表，使其分组情况清晰明了。

图 2-21 QQ 初次登录界面

　　您可以对好友列表进行管理,在 QQ 界面空白处,点击右键,即可出现如图 2-22 所示。您选择添加组,即可添加组,如图 2-23 所示,添加"老乡"组,在文本框中输入"老乡"字样即可。这样您可以将不同的好友一一拉入框中,而且您在添加好友时也会有提示有哪些组,选择合适的组即可。

图 2—23　已添加组界面

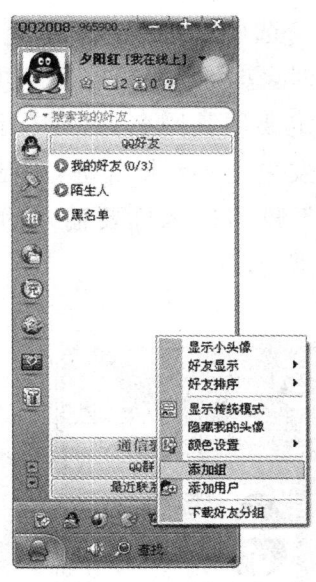

图 2—22　QQ 初次登录界面

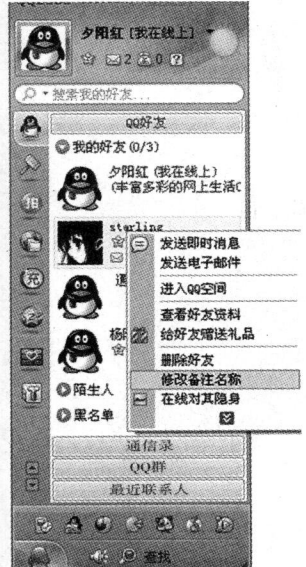

图 2—24　QQ 好友名称修改界面

选中您的好友,点击右键即可出现如图 2-24 所示,同时,您可以根据自己对好友的称呼来更改其网名,而不一定要用其网名,这样有利于你查找方便。将鼠标置于该好友之上,点击右键,弹出的对话框中选择"修改备注名称",即可输入你要输入的名字,点击确定键即可,如图 2-25 所示。

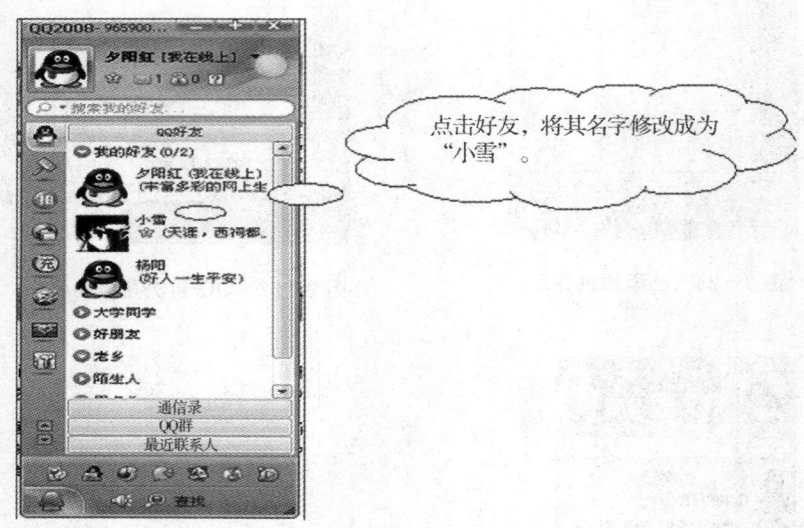

图 2-25　QQ 名称已修改界面

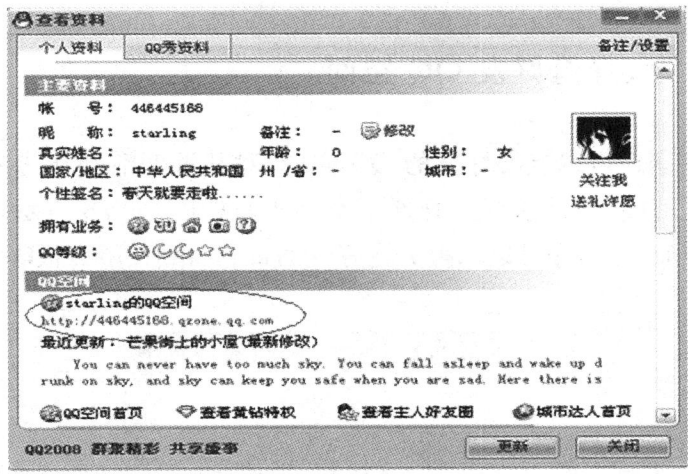

图 2—26 QQ查看资料界面

点击鼠标右键,还有很多其他功能,您可以根据其提示一步一步往下设置,就可以达到该效果,如:点击"查看好友资料",弹出如图 2—26 所示界面,在这里,您可以对好友进一步的了解,当然,这里的信息只能作为参考,不一定是联系人的真实信息。

在这里,你也可以选择"删除好友",这样,弹出如图 2—27 界面,点击"确定"即可删除。

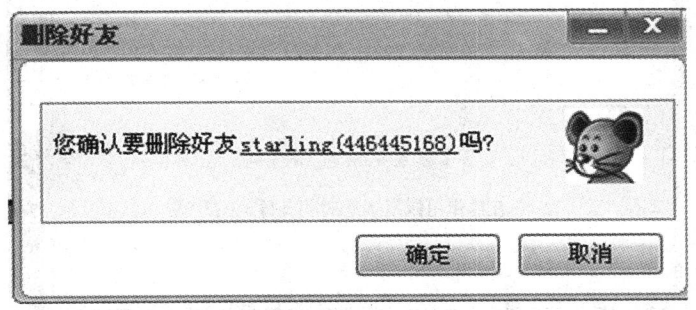

图 2—27 QQ查看资料界面

七、逛逛好友 QQ 空间

您还可以点击好友的 QQ 空间，对其近期活动作进一步的了解（前提是该好友开通了空间哦），如图 2－28 所示。通过导航标志，您可以选择关注好友的日志、相册、留言板等。

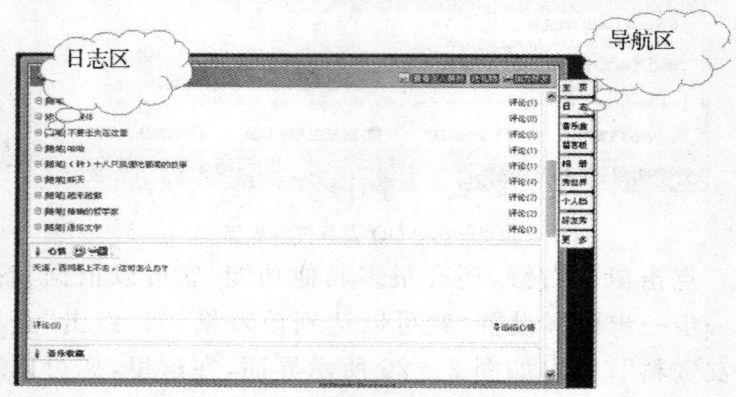

图 2－28　QQ 空间界面

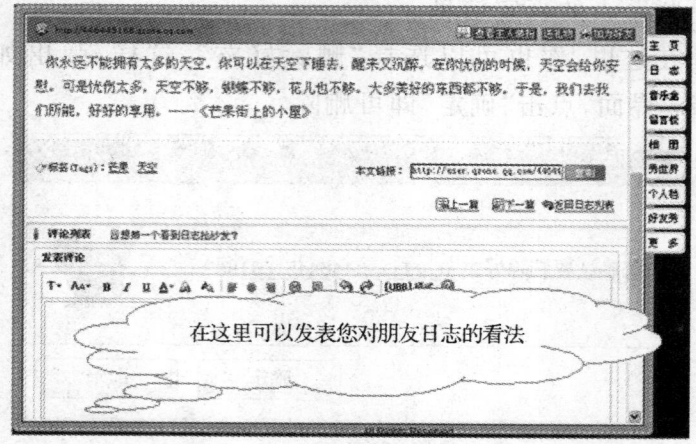

图 2－29　QQ 空间日志回复

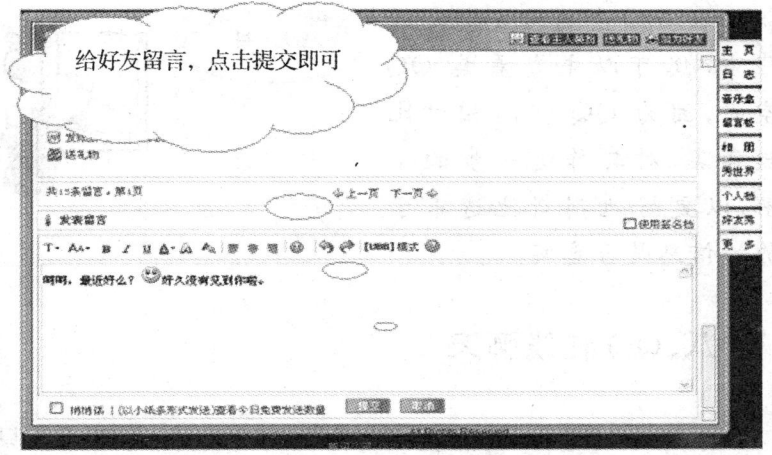

图 2—30　QQ 空间留言

　　如果朋友的空间里放了照片,你可以点击其"相册",然后就可以看到照片。您可以对照片进行评价或者留言,增加和朋友的联系。如图 2—31 所示。

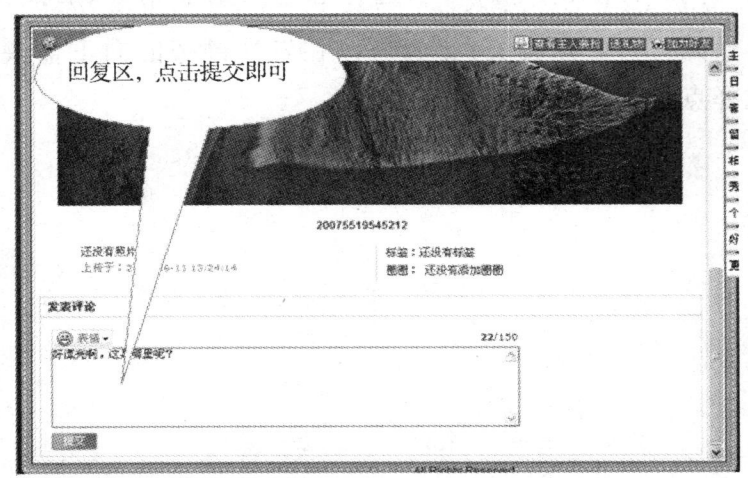

图 2—31　查看朋友相册并留言和评论

在与陌生的网友交流过程中,您可以先查看其 QQ 空间,因为 QQ 空间相对比较真实,对其作进一步的了解,以更好地判断他透露于你的信息是否真实。

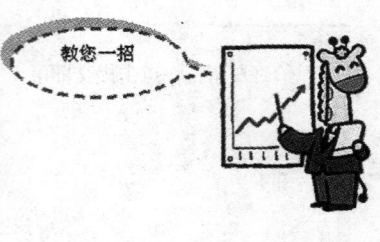

教您一招

八、QQ 在线聊天

添加好友之后,就能直接与您的好友进行交流了。只要您的好友正常登录了 QQ,在好友列表中就显示为彩色的,表示好友当前在线。如果没有在线或者设置了隐身,则在好友列表中显示为灰色。双击您要聊天的好友,然后在下方的对话框中输入您要说的话,如图 2—32 所示:"呵呵",同时再点击 😊 ,可以选择您想要的表情,然后点击发送即可与好友聊天;或者可以在发送键旁的向下箭头,选择点击 Enter 键自动发送。

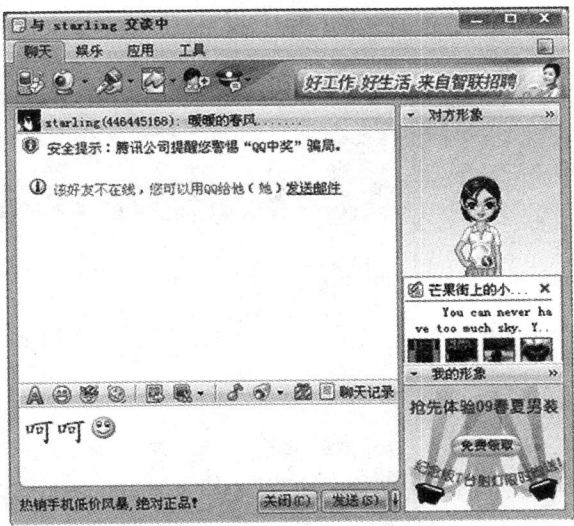

图 2-32 QQ 聊天对话框

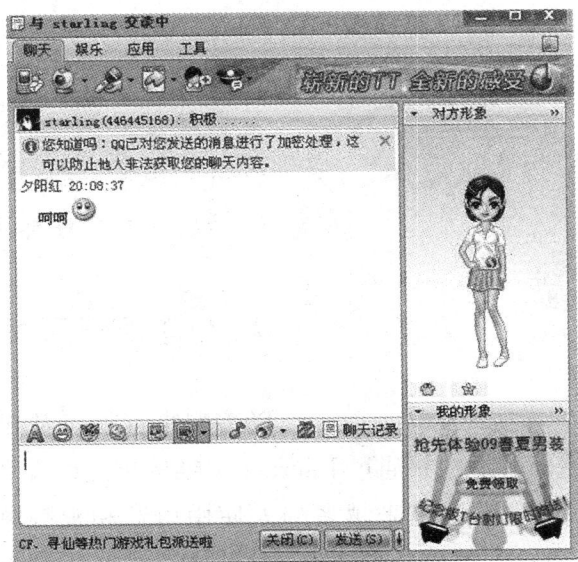

图 2-33 发送信息

同理，如果你想在 QQ 群中发表意见，则点击 QQ 群，如图 2-34 所示。

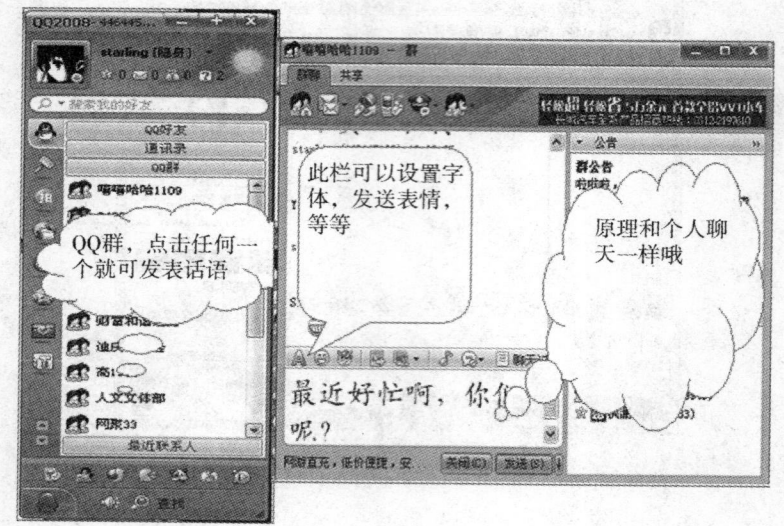

图 2-34　QQ 群发送信息

 如果您想让自己的字体和字体的颜色具有特色，可以点击 $\boxed{A}$，选择您想要的字体和字号。

九、QQ 视频面对面

随着网络宽带以及相关技术的提高，使家庭上网并通过 Internet 流畅地传送语音和视频数据成为可能。因此，越来越多的人使用语音和视频聊天。语音聊天需要双方都配备声卡与麦克风，当然这些设备很容易配备，而且非常便宜。

点击 ，等待对方接受，如图 2－35 所示，在声卡与麦克风正常的情况下，两人即可对话。相反，如果有人请求与您语音对话，则会出现如图 2－36 所示的对话框，如果您接受就点击接受，不想与对方语音聊天就拒绝。

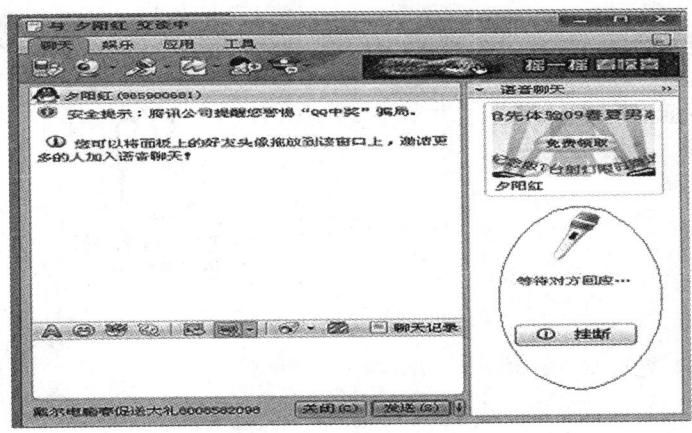

图 2－35　发送语音请求

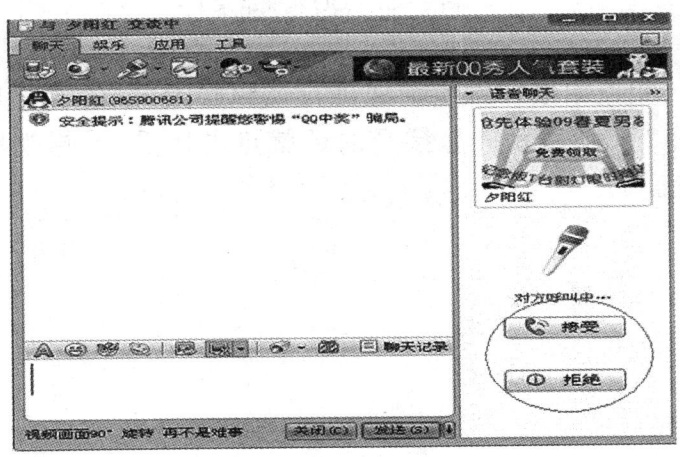

图 2－36　是否接受 QQ 语音界面

要想进行视频聊天,前提是两个人都要装有摄像头,点击 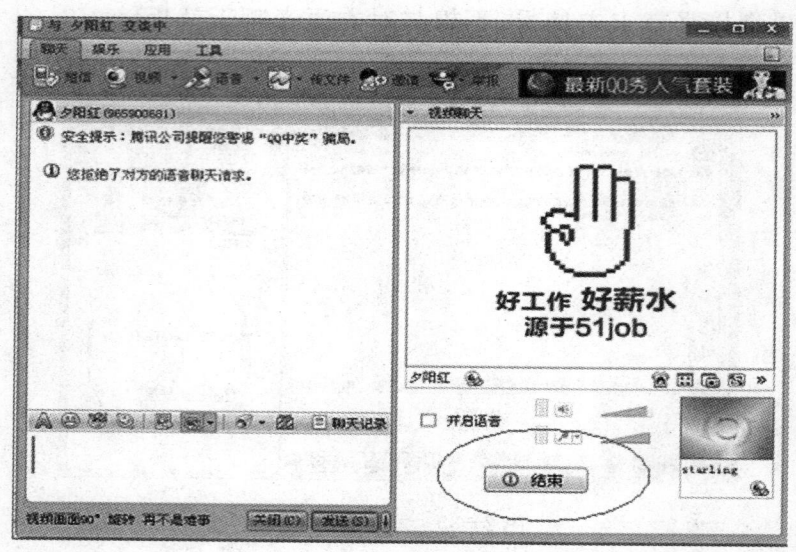 ,等待对方接受您的邀请,此时界面如图 2－38 所示。

图 2－37　QQ 视频请求

相反如果有人邀请您进行视频聊天,您的 QQ 界面如图 2－37 所示。您接受的话就点击接受,不想视频则拒绝。

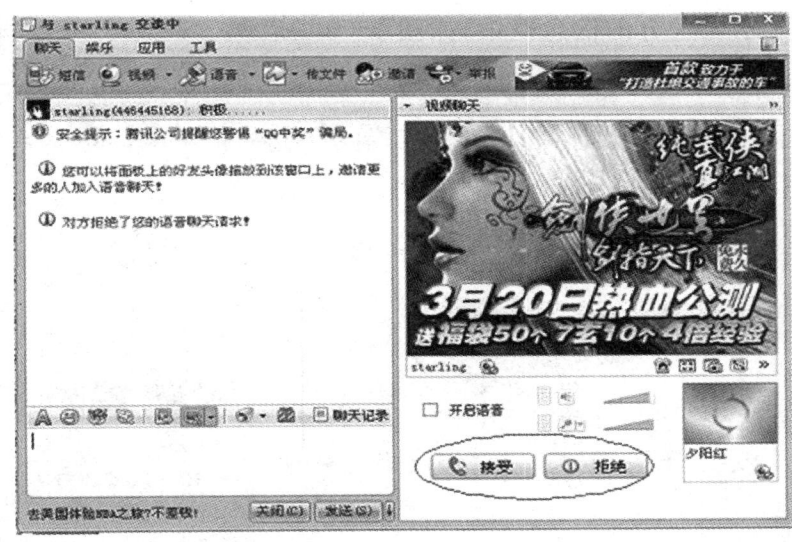

图 2-38　是否接受 QQ 视频请求界面

小提示

在语音和视频聊天中，要保证耳麦和摄像头的质量，以达到更好的语音和画面质量。

十、QQ 传输文件

QQ 不仅可以传送即时的文字和语音信息，也可以传送其他文件，如拍摄的数码照片、录制的 DV 视频等。要发送图片，即可以直接单击窗口中间工具栏的 ![] 按钮，在弹出的【打开】对话框中选择要发送的图片文件，然后单击【打开】按钮，要发送的图片显示在底部消息输入栏中。最后单击【打开】按钮，将图片发送给对方，所发送的图片会

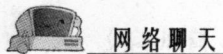

显示在上方的信息栏中,如图 2—39 所示。

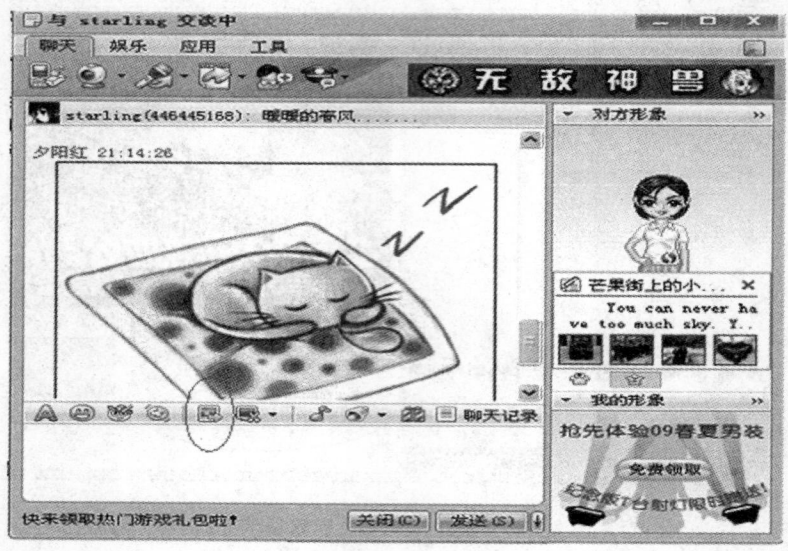

图 2—39 发送图片

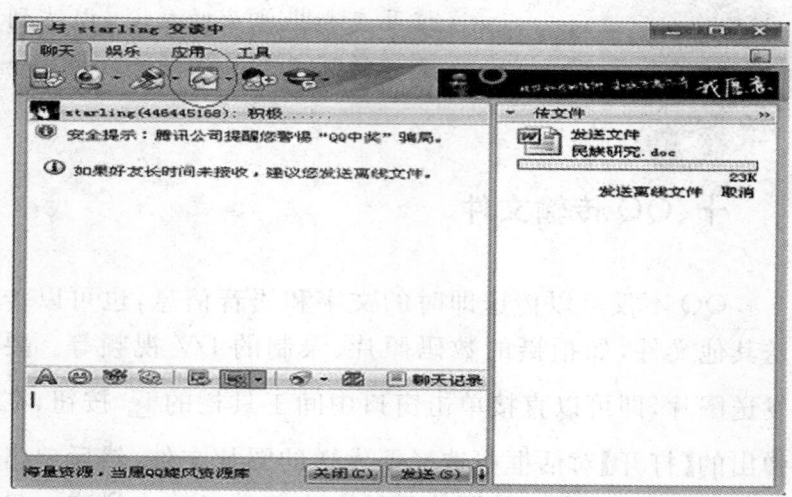

图 2— 40 等待对方接受

如果您要发送音频文件或者其他的计算机文件,可以单击QQ聊天最上方工具栏中的 按钮,在弹出的【打开】对话框中选择传送的文件。单击【打开】按钮,上方的消息栏会显示等待对方接收文件的提示,如图2—40所示。如果对方同意接收,文件传输完毕后会显示文件已发送完毕的提示信息,如图2—41所示。

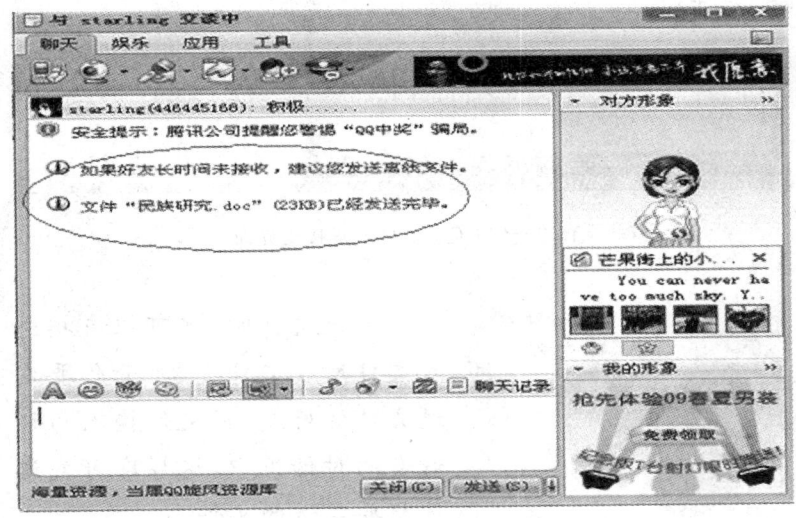

图2—41 文件发送完毕

相对地,如果您在接收好友给您传送文件时,界面会提示您要接收的文件名,单击【接收】链接,开始接收文件。单击【另存为】链接,即可将文件保存到既定位置。而如果不想接收对方文件,可以单击【拒绝】链接。如图2—42所示。

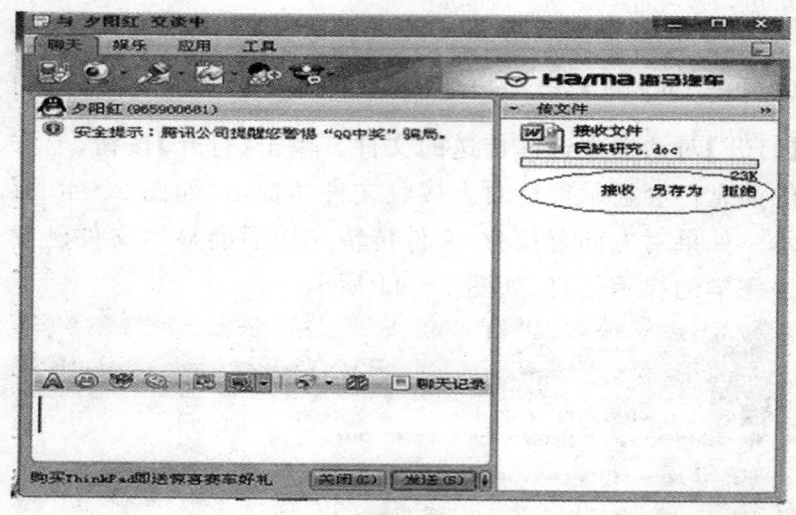

图 2—42　QQ 文件发送接受界面

小提示

　　发送文件时,您可以直接进入文件所在文件夹,打开你要发送文件的好友,将文件拖入与该好友的对话框中,这样即可发送你想要发送的文件。

十一、当您不想用 QQ 怎么办

　　在本书中主要介绍三种 QQ 卸载方式,您可以根据自己的情况进行操作。

　　1. 双击我的电脑,在左边有个添加\删除条文,点击出现对话框,找到 QQ 选项,单击中的删除 <kbd>更改</kbd> <kbd>删除</kbd> 键,即可卸载 QQ 程序。

2. 开始——控制面板－添加或删除程序－QQ－更改/删除。

3. 开始－程序－腾讯软件－卸载腾讯软件。

按照卸载提示，一步一步进行，最后即可将 QQ 安装软件卸载。

下面给您具体介绍第三种卸载：

第一步：打开开始菜单，找到腾讯软件。如图 2－43 所示。

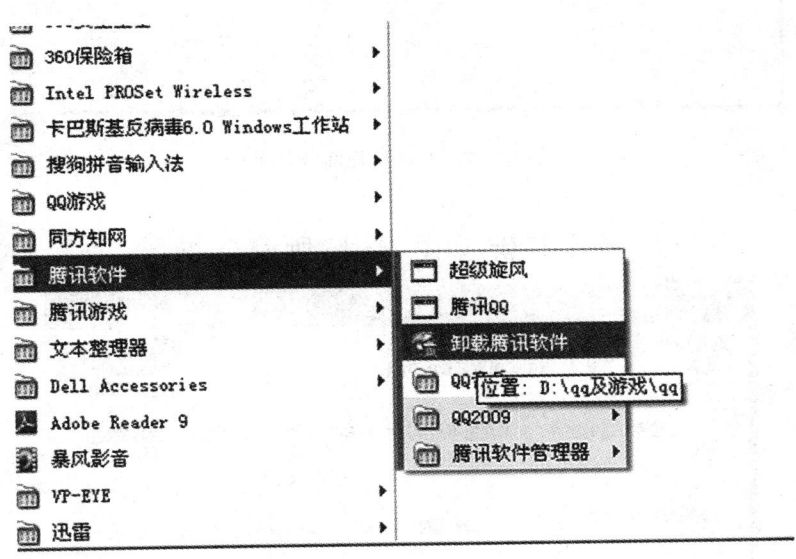

图 2－43　QQ 卸载"开始"界面

第二步：点击卸载，点击下一步，如图 2－44 所示。

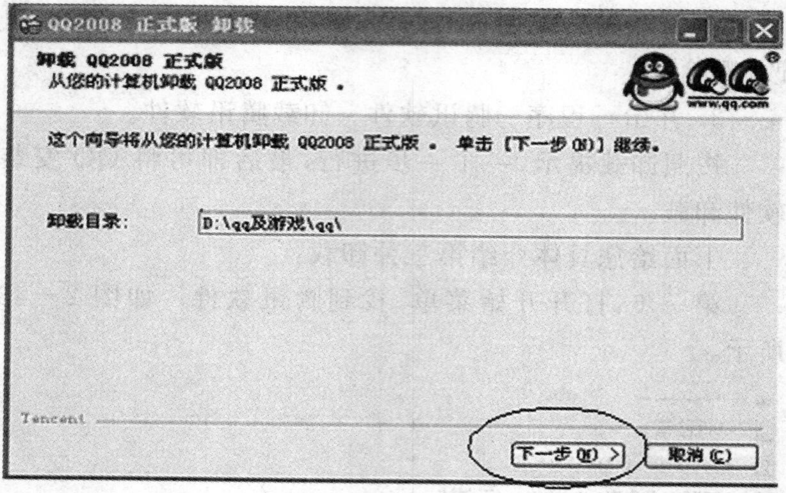

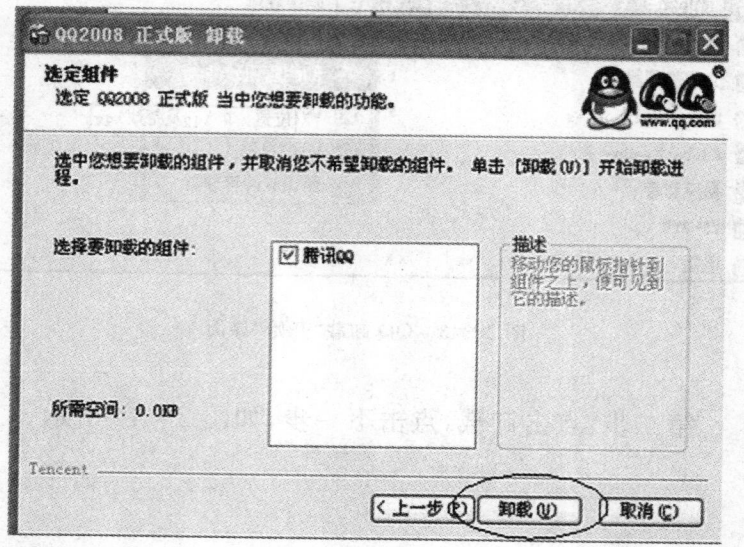

图 2-44 QQ 文件卸载目录

第三步：点击卸载，如图 2-45 所示。

图 2-45 QQ 文件卸载

第四步:正在卸载中,如图 2-46 所示。

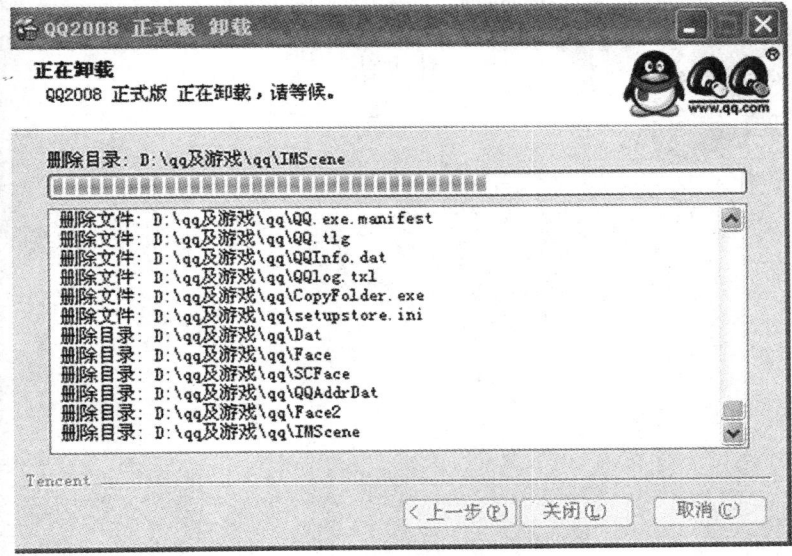

图 2-46 QQ卸载最后一步

第五步:卸载完成,点击确定即可。如图 2-47 所示。

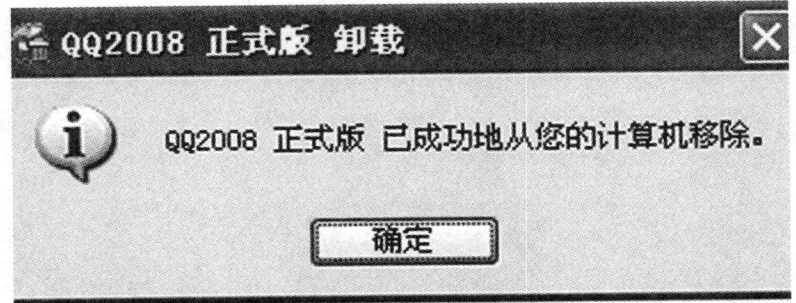

图 2-47 QQ卸载成功

小提示

以上三种方法中，第三种的删除效果是最好的，建议用第三种方法。

第 三 章

MSN

一、什么是 MSN

MSN 全称 Microsoft Service Network 即微软网络服务。目前 MSN Messenger 的最新版本是 Windows Live Messenger 9.0。

MSN 9.0 是一种 Internet 软件,它基于 Microsoft 高级技术,可使您和您的家人更有效地利用 Web。MSN 9.0 是一种优秀的通信工具,使 Internet 浏览更加便捷,并通过一些高级功能加强了联机的安全性。这些高级功能包括家长控制、共同浏览 Web、垃圾邮件保护器和其他定制。

"MSN Messenger"这个字眼是相当含糊的,因为微软用这个术语关系了几个不同部分的消息解决方案。你通过"MSN Messenger"网络聊天,用来连接 MSN Messenger 网络的最流行的程序是"MSN Messenger",而程序在 MSN Messenger 网络中使用的语言则是"MSN Messenger 协议"。在这里我们所说的"MSN Messenger",是指 MSN 聊天工具。

MSN 安装的最低系统要求：

486DX/66 或更高配置的处理器，必须有 10 MB 可用磁盘空间用于安装，8 MB 以上 RAM 内存，您的计算机上必须安装 Microsoft Internet Explorer 4.0 版或更高版本浏览器。MSN Messenger 主要是面向 Windows95、98、Me、2000 或者 NT 4 操作系统，如果您正在使用的是 Windows XP，那么您就已经具有了所需要的软件，只需选择"开始"菜单中的"Windows Messenger"即可。

二、下载安装 MSN 软件

首先登录 MSN 的官方网站，下载最新版本，作为微软的聊天软件，在 WindowsXP 以后的版本都自带 MSN，所以您也可以不下载该软件，直接去开始菜单找到 windows messenger，即可登录。

第二章对 QQ 做了介绍，其实 MSN 的原理和 QQ 大致相同。MSN 是微软推出的即时网上通信软件。除了可以用它实时发送和接收图文消息以外，您还可以使用 MSN Messenger 从您的计算机上与联系人进行语音交谈，从您的计算机给联系人拨打电话、发送文件、召开多人联机会议或是玩 Internet 游戏，此外还可以收到新邮件到达等事件的通知等等。

MSN Messenger 有 26 种不同的语言版本，如果你需要最新版本的 MSN9.0 版中文版，可以到 MSN Messenger 官方页面下载。（请点击这里本地下载）双击下载得到的 Mmssetup. exe 文件进入安装，首先看到的是一个用户使用协议，按"是"即可。随后出现 MSN Messenger 软件主界面（第一次使用初始界面）。如图 3－1 所示。

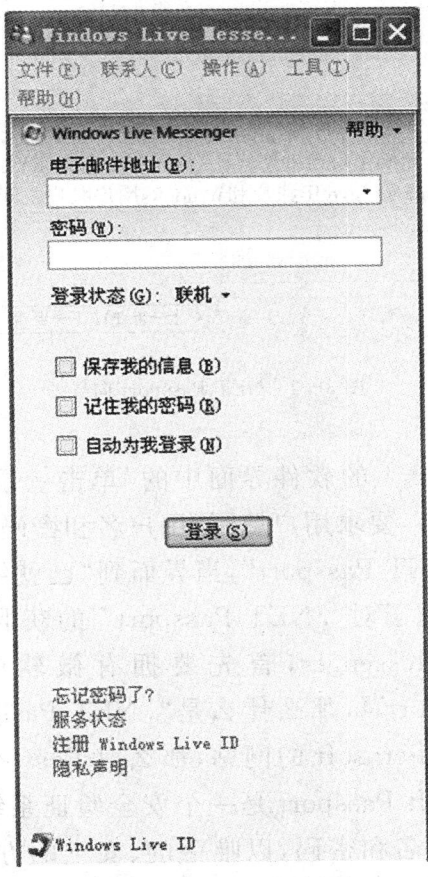

图 3－1　MSN 登录界面

图 3-2　NET Passport 向导

点击图 3-1 的软件界面中的"单击登录",弹出登录窗口(图 3-2),要求用户填写"用户名和密码"。

获取". NET Passport",当界面到"已就绪",如图 3-3 所示,就完成了对". NET Passport"的获取。要使用微软的 MSN Messenger,首先要拥有微软的网络护照". NET Passport"。那么什么是". NET Passport"?如果你经常登录 Microsoft 的网站,那么对 Passport 一定不会陌生,Microsoft Passport 是一个安全验证系统,要求你使用同一个登录名和密码,以唯一的、安全的方式登录到多个 Internet 站点和服务上。

当然这些站点都是验证系统的成员,而 MSN Messenger Service 就是其中的一个了。如果你之前已经申请了 Hotmail 的账户,那么整个账户就已经是你的一个

Passport。这里".NET Passport"是通过用户唯一的电子邮件地址和密码来识别用户身份的。

图 3—3　NET Passport 获取完成图

　　对表单中要求填写的电子邮件地址,你可以使用你现在任何一个 E—Mail 作为申请".NET Passport"的账户名,密码可以重新设定。当您填写了这个表单并点击"同意"后,您就完成了".NET Passport"注册。".NET Passport"允许您使用在表单中填入的电子邮件地址和密码登录到任何含有".NET Passport 登录"按钮的站点。

　　我们获取".NET Passport"之后,在登录窗口输入作为"NET Passport"的邮件地址名及密码,即可完成 MSN Messenger 的登录,进入 MSN Messenger 的主界面(如图 3—4)。MSN Messenger 的主界面除标题栏外,从上到下

分为四个部分,即菜单栏、"我的状态"窗格、"联系人状态"窗格和操作窗格。

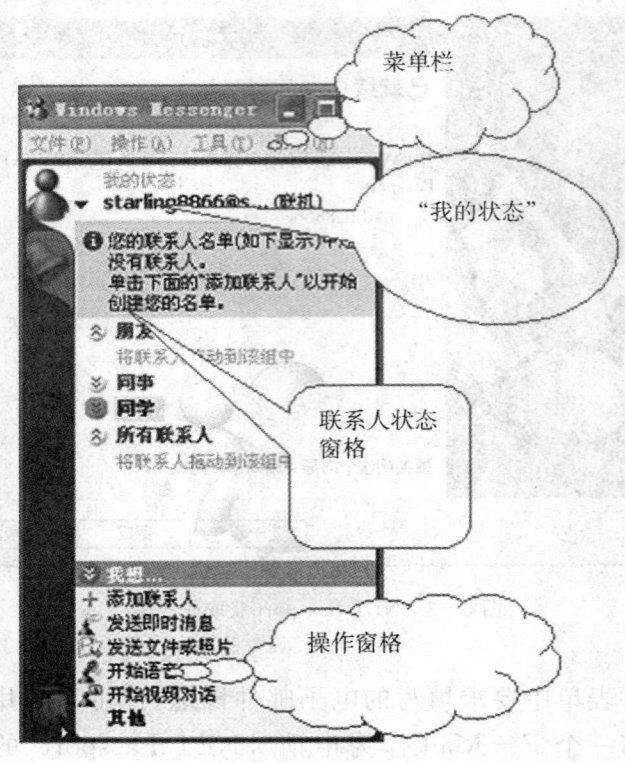

图3-4 MSN Messenger 的主界面

三、申请 MSN 账号

MSN 账号申请实际上就是申请 MSN 电子邮箱,登录名就是所申请 MSN 的电子信箱名称,当你输入电子信箱名和密码就可以登录使用 MSN 聊天了。所以,如果您已经拥有 Hotmail 或 MSN 的电子邮件账户就可以直接打开

MSN,点击"登录"按钮,输入您的电子邮件地址和密码进行登录了。

如果你没有,就到 http://www.hotmail.com/ 申请一个 Hotmail 电子邮件作为你的 MSN 账号。MSN 账号申请可以分为三个步骤:

MSN 第一步,首先下载好 MSN,然后单击登录窗口中的"在这里获得"链接,MSN 系统自动打开浏览器。

MSN 第二步,在打开的新网页中,填入各项信息。

MSN 第三步,MSN 账号就是你在申请时注册表单里使用的 E—mail 地址。

另外我向大家推荐到 Hotmail 网站申请一个 MSN 邮箱,既可以得到免费的 MSN 邮箱,又可以得到 Passport 即 MSN 账号。

同时为了大家申请 MSN 账号的方便,我为大家提供以下 3 种形式的 MSN 账号申请途径:

账号申请途径一,yourname @ hotmail.com 形式,MSN 账户申请地址:

https://accountservices.passport.net/reg.srf? id＝2＆sl＝1＆lc＝2052

账号申请途径二,yourname @ msn.com 形式,MSN 账户申请地址:

https://accountservices.passport.net/reg.srf? ns＝msn.com＆sl＝1＆lc＝2052

账号申请途径三,yourname @ sucmail.com 形式,MSN 账号申请地址:

https://domains.live.com/members/signup.aspx? Domain＝sucmail.com

如果你不想申请邮箱,你已拥有其他的邮箱,如新浪、搜狐都可以。也可以用此邮箱申请账号。

四、设置个性化 MSN 小技巧

1. 不打开主窗口的情况下使用 MSN Messenger

当你关闭 MSN Messenger 主窗口并不会关闭程序,程序会继续在任务栏中运行。您可以继续利用任务栏中的图标(位于时钟旁)完成大部分工作。如果要打开主窗口,双击任务栏中的图标即可。单击任务栏上的 MSN Messenger Service 图标,你就可以发送即时消息、查看谁已联机、登录或注销、更改您的状态或退出程序,实在是办公室一族在上班时间进行网上联络的首选工具。

2. 使窗口始终可见

您可以使 MSN Messenger 的主窗口始终位于其他程序窗口的前面,在对话窗口和"工具"窗口也可进行同样的设置。方法是:只要在主窗口或"电话"窗口的"工具"菜单上或者在对话窗口的"查看"菜单上,单击并选中"总在最前面"项即可。

3. 更改 MSN Messenger 声音设置

在"工具"菜单上单击"选项",如图 3—5 所示在"首选参数"选项卡上单击"声音"按钮。在"声音和多媒体属性"对话框中的"声音事件"下,向下滚动到"MSN Messenger"类别。然后就可以像对其他 Windows 应用程序进行声音设置一样,单击您想要更改的声音,然后从您的计算机提供的声音中进行选择。您还可以找到其他声音,方法是:单击 Microsoft Windows "开始→查找→文件或文件夹",然后搜索"□. wav"。如果安装了 Windows Plus 打包,则可以从多种声音中进行选择。请注意声音文件的位置,按照上述步骤可以找到要替换的声音。

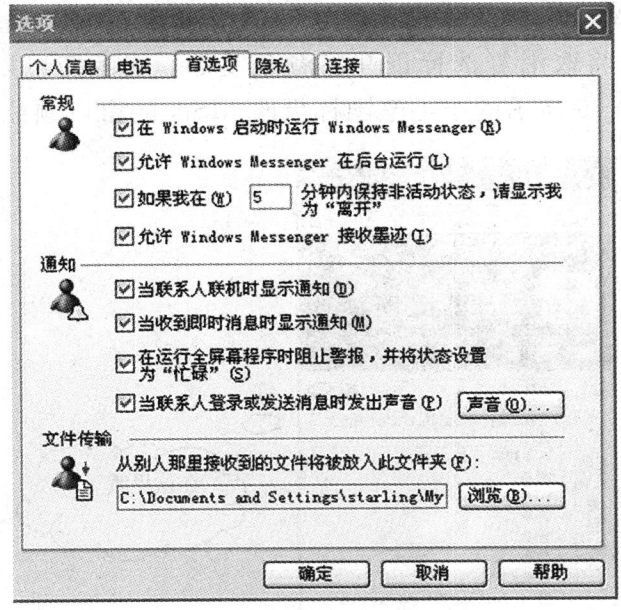

图 3—5 选项界面

4. 更改 MSN Messenger 接收文件的文件夹

在"工具"菜单上单击"选项",再单击"首选参数"选项

卡,在"首选参数"选项卡的"文件传输"下,单击"浏览"。打开要放置发送给您的文件的文件夹,然后单击"确定",再单击"确定"即可。

5. 使用 Windows 颜色配置

将 Windows 颜色配置应用于 MSN Messenger,就可以将您为 Windows 选择的颜色应用到 MSN Messenger 不同的屏幕元素(例如背景和标题栏)上。只要在"工具"菜单上,单击"使用 Windows 颜色配置",一个复选标记将显示 Windows 颜色配置已经应用于 MSN Messenger,再次单击将取消复选标记并将颜色复原。或者您可以点击如图 3-6 所示的小毛笔图标更改 MSN 的窗口颜色。

图 3-6　MSN 颜色配置更改

6. 阻止 MSN Messenger 自动启动

默认状态下,你无论何时打开计算机,MSN Messenger 都会自动启动。当连接到 Internet,MSN Messenger 将自动尝试连接到适当的服务器上,并开始为您提供即时消息服务。如果你要更改相关设置,只要在"工具"菜单点击"选项",再单击"首选参数"选项卡,然后清除"在 Windows启动时运行此程序"复选框。

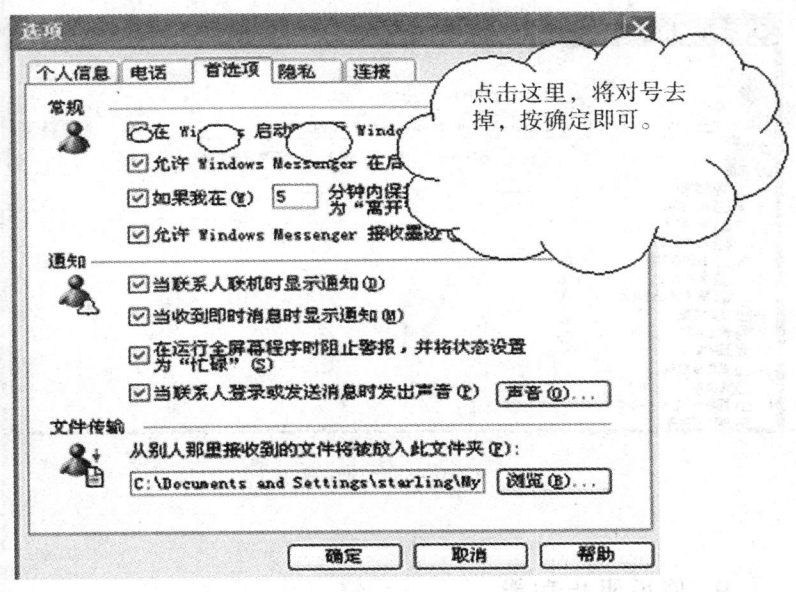

图 3—7　阻止 MSN Messenger 自动启动

7. 保存即时消息

由于 MSN Messenger 是不保留聊天记录的,只要你关闭了即时消息窗口,窗口中的所有文字记录都将烟消云散,永无踪迹。如果你要保存即时消息,可以在即时消息窗口中单击"文件"菜单,然后单击"另存为",转到你保存该文本的文件夹,输入文件名,然后单击"保存"就将你的聊天记录保存为一个文本文件。

8. 在 MSN 界面直接进入文件保存夹

单击"文件"菜单,在下面的选项中选择,打开"接收文件的文件夹",就可以看到如图 3-8 所示的文件夹。

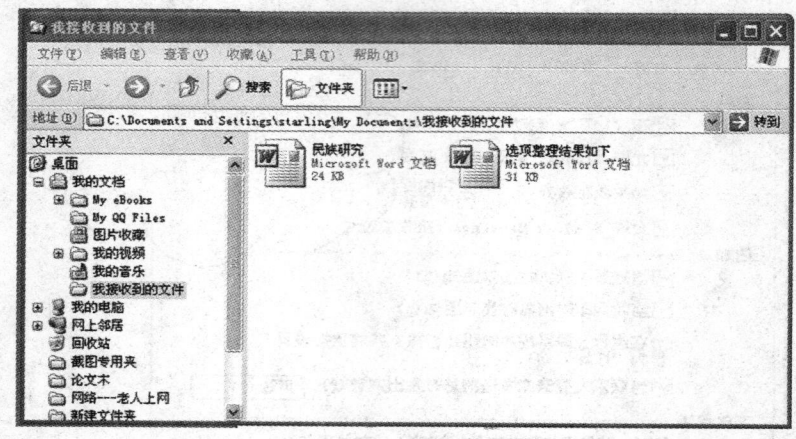

3-8 MSN 文件接受夹

9. 使用阻止功能

在 QQ 上如果我们要阻止某人看见自己或与自己联系,最常用的方法就是"隐身登录",把讨厌的家伙拉到"黑名单",但这都是非常不文明不礼貌、不利己又不利人的行为。MSN Messenger 的阻止功能却相应地帮你拒绝也拒绝得大方得体。比如你参与的即时消息对话来自于你想阻止的人,在即时对话窗口单击"阻止"按钮就可以了。也可以在主窗口中用鼠标右键单击要阻止的人的名称,然后在右键菜单中单击"阻止"。如图 3—9 所示。要想取消阻止,只要在你的"联系人名单"中,用鼠标右键单击要取消阻止的人的名称,然后单击"取消阻止"即可。

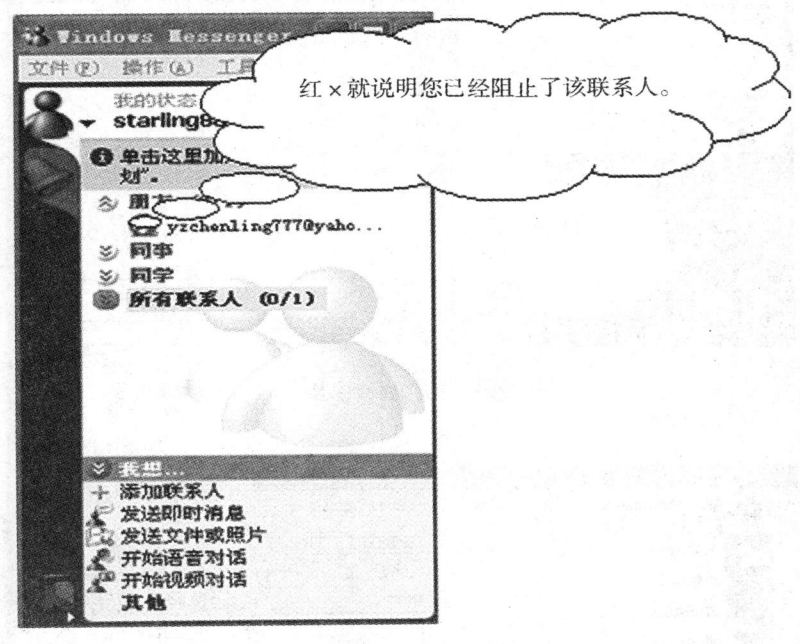

图 3—9　阻止联系人

10. 更改头像

　　MSN 默认的头像也许您并不喜欢,您可以通过一系列的操作就可以更改头像,换成您喜欢的头像。点击头像,如图 3—10 所示,将会弹出左边的对话框,在中间一栏有更改显示图片。点击这里将会出现图 3—11 所示的对

话框,在左边栏上您可以选择喜欢的图片,这是软件自带
的图片,但是如果您收藏夹内有自己喜欢的图片,您可以
点击浏览,进入收藏夹,选择图片。

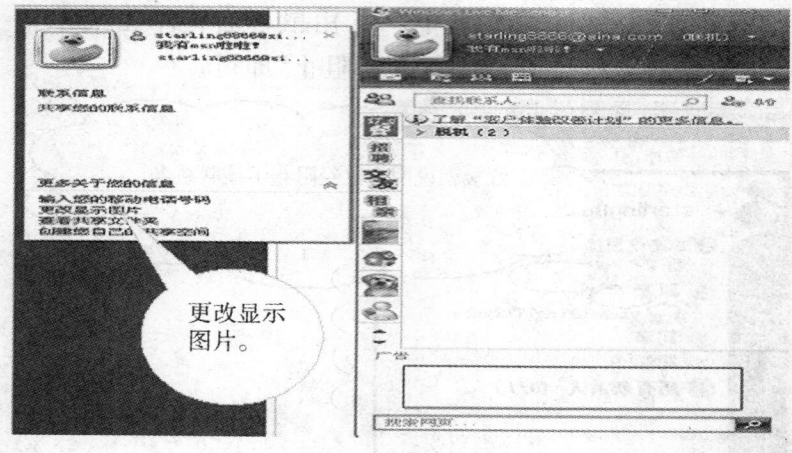

图 3—10　修改图像

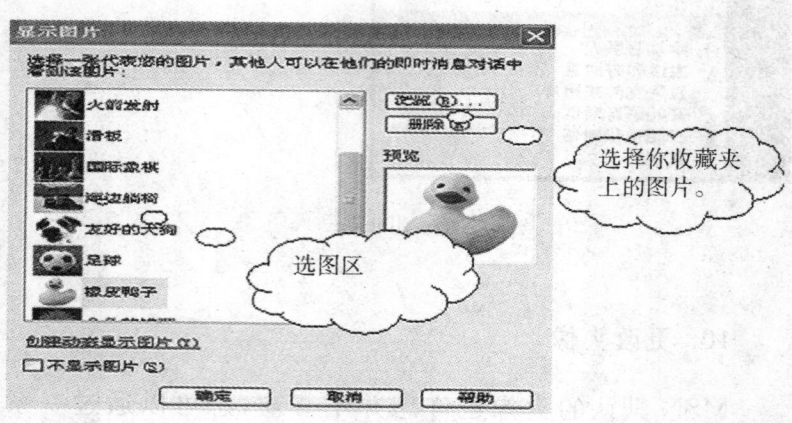

图 3—11　选择图像

11. 菜单栏显示

聊天软件的使用，不仅要求其实用性，比如聊天、传文件等等，而且个性化的要求越来越高，要按照自己喜欢的方式来做事，如图3-12所示。你可以选择左图或者右图的显示方式，方法如下：点击图示中的小三角，再点击弹出的对话框中的显示菜单栏，就可以达到您想要的效果。

图3-12 菜单栏的显示

 小提示

如何阻止联系人向我发送闪屏振动？

如果觉得闪屏振动太乱，可以阻止联系人向您发送闪屏振动。首先在 MSN Messenger 主窗口中的"工具"菜单上，单击"选项"。在左边的窗格中，

单击"Messages"。清除"允许其他人向我发送闪屏振动"复选框。单击"确定"。

此时,其他人向您发送闪屏振动时,您只会收到以下消息:"您收到了一个闪屏振动!"

五、MSN 联系人的添加与管理

1. 联系人的添加

要使用 MSN Messenger 与好友进行网上交流,首先要将对方添加到 MSN Messenger 的联系人列表中来。用户可以单击 MSN Messenger 主界面操作窗格中的"添加联系人"或工具菜单下的"添加联系人",如图 3—13 所示。启动添加联系人向导。

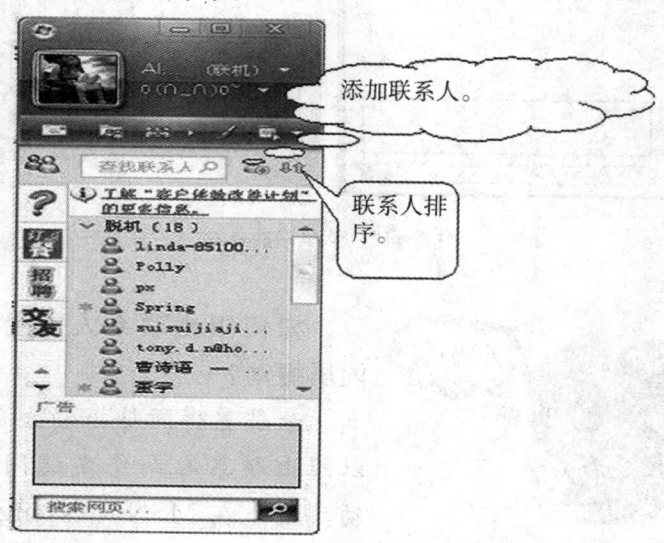

图 3—13　添加联系人

你可以在这里选择添加联系人的方式,如果不能将联系人添加到你的名单中,向导会自动帮助你开始使用本服务。

　　使用电子邮件地址或登录名添加用户,选择向导中的"使用电子邮件地址或登录名"选项,点击"下一步",在随后的添加联系人对话框(如图3-14)中,需要填入对方联系人的MSN登录名。填写好之后点击"下一步",就会出现一个成功添加的信息窗口。如果此时对方不在线,则添加后只能显示对方联系人的登录名,而不能显示对方的昵称、联系方式等详细信息。

　　如果在"添加联系人向导"中选择"搜索联系人",用户可以在随后的对话窗口(图3-15所示)中根据姓氏、名字、所在国家或地区等条件搜索联系人。如果所要搜索的联系人还没有使用MSN Messenger,则用户不能完成对其添加,系统会为用户生成一封电子邮件,其中包含MSN Messenger的安装、使用和安全问题的说明,在对方收到信息并安装使用MSN Messenger后,用户才可以将联系人添加到自己的好友列表中。

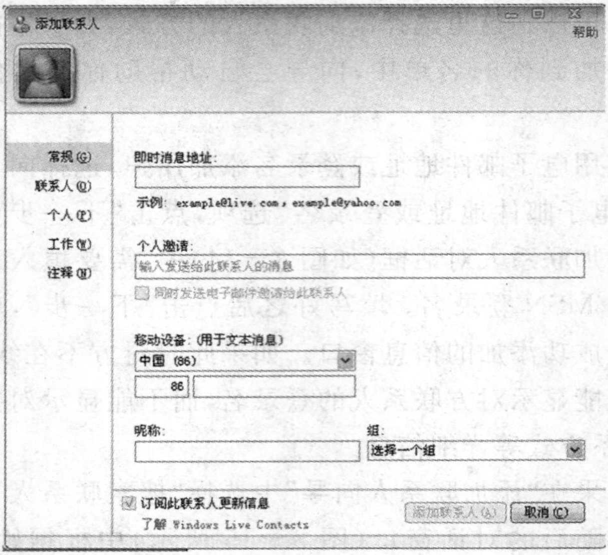

图 3—14 添加联系人对话框

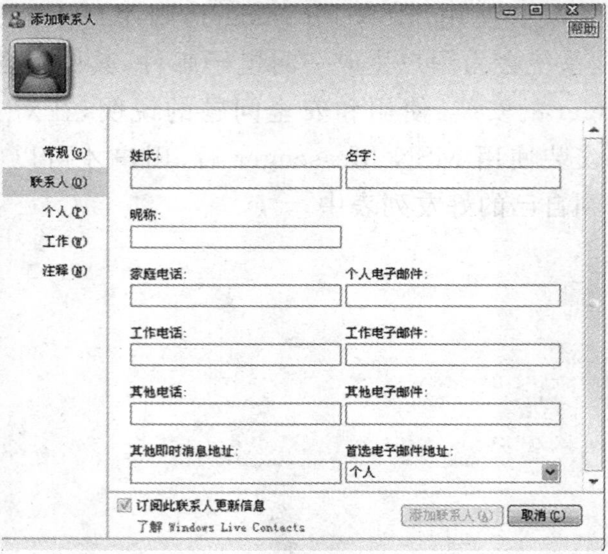

图 3—15 搜索联系人并添加

2. 联系人的管理

在添加好联系人后,用户还可以对联系人进行管理。可以单击"联系人"菜单下的"对联系人进行排序"中的"组",然后就可以按同事、家人、朋友等组别对联系人进行分类显示。用户还可以通过"工具"菜单下的组管理自行添加新的分组,也可以对现有的组进行重命名。另外你还可以在联系人列表中的好友头像上点击右键,根据右键菜单上的内容对单个好友进行管理。

小提示

如何使我的联系人停止向我发送传情动漫?

如果您觉得传情动漫太乱,可以阻止您的联系人向您发送传情动漫。首先在 MSN Messenger 主窗口中的"工具"菜单上,单击"选项"。再在左边的窗格中,单击"消息"。清除"自动播放传情动漫"复选框,单击"确定"即可。您还会收到有人向您发送了传情动漫的通知,但不会自动播放它。

六、使用 MSN 聊一聊

添加好联系人之后,我们就可以用 MSN 与朋友进行交流。和 QQ 等一样,MSN Messenger 的最主要功能就是进行网上熟人之间聊天。启动 MSN Messenger 后,在主窗口上部"我的状态"窗格中显示了用户自己的状态,如图3—16所示,可以点击登录名左边的倒三角形或任务栏上的 MSN Messenger 图标菜单中的"我的状态",来更改自

己的使用状态。状态包括联机、忙碌、马上回来等 6 种。

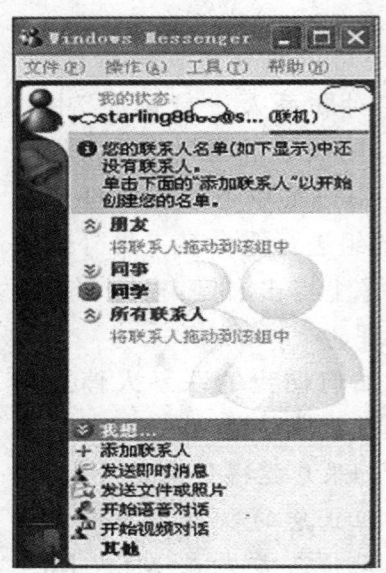

点击这里，就可以选择状态啦。

图 3－16　状态选择栏

　　如果用户想与联系人进行聊天，可以双击联系人头像，也可以在主窗口的功能栏中选择发送即时信息，在弹出的对话框中选择要交谈的对象即可。在确定了交谈对象后，会弹出对话窗口，如图 3－17 所示。

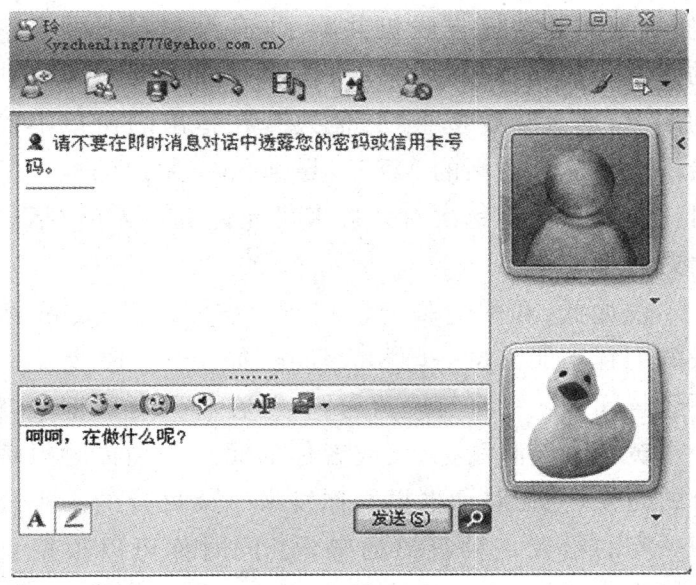

图 3—17　聊天界面

　　与 QQ 等聊天工具不同的是，MSN Messenger 中与联系人的对话是连续的，而不是分时传递的。你只要将聊天内容填写到窗口下端的对话框中，然后单击"发送"按钮或回车就可在对方和自己的对话窗口中显示交谈内容。如果是对方联系人与用户主动聊天时，在任务栏的 MSN Messenger 图标上方会弹出信息窗口，同时系统会自动生成一个聊天对话框，供双方进行交谈。利用 MSN Messenger 进行聊天，并不限于用户和联系人两个人进行，用户或对方联系人都可以邀请其他好友加入到正在进行的话题中来。用户只要点击对话窗口右侧邀请某人加入对话，然后在弹出窗口的联系人列表中点击被邀请人的 MSN Messenger 用户名或昵称，就可以使被邀人加入当前的对

话,实现三方甚至多方联机共聊了,有点和网上聊天室相同的感觉。如果你想邀请一位还没有加入到你名单列表上的朋友,那么只要按下"其他人",在弹出的窗口中输入你希望邀请加入对话的 MSN Messenger 用户的电子邮件即可。要注意的是每次对话最多可允许五个人(包括您在内)参加。

不仅如此,和网上聊天室相似,MSN Messenger 以其自设的图释功能支持一些聊天动作,如图 3—18 所示。当你不经意间输入一个笑脸符号":)",在聊天对话框中就出现一个黄色的笑脸图标;又或者你的朋友在和你聊得情投意合的时候,会在对话框里给你发来一朵可爱的小小玫瑰花……真的给人一种很酷的感觉!同时你可以根据自己的喜好修改字体,选择适合聊天内容的聊天场景,让你的聊天画面轻松愉快,使你心情愉悦。

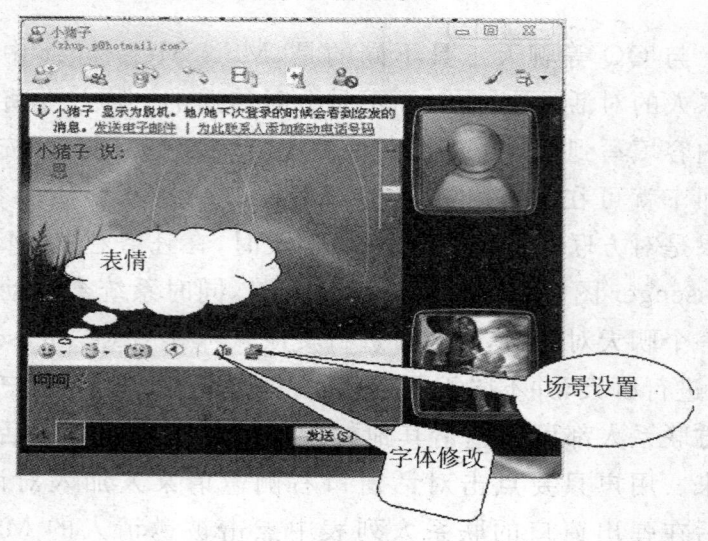

图 3—18 聊天对话框

若要阻止来自某个人的消息，请执行下列操作。

单击"对话"窗口中工具栏上的"阻止"命令。如果您与多个人进行对话，则可以先单击"阻止"，然后单击希望阻止的人的名字。被阻止的联系人并不知道自己已经被阻止了。对于他们来说，您只是显示为脱机。从联系人名单中删除阻止的人并不会将阻止删除。您阻止的人不能直接与您联系；但是，如果某人既邀请了您也邀请了您阻止的人进行对话，您会发现自己会和您阻止的人处在同一对话中。

七、使用 MSN 传输文件

使用 MSN 传输文件，与 QQ 传输文件是一样的原理。首先，点击 ，进入所要发送的文件的文件夹。点击打开的对话框中的"打开"，即可发出文件，等待对方接收，如图 3－20 所示，对方接收完毕即完成文件发送。如图 3－21 所示。

同理，您在接收对方文件时，如图 3－22 所示，"接受"，"另存为"，"拒绝"，根据您自己的情况而定是接收还是拒绝。

当您接收文件后，如图 3－23 所示，您的文件接收完毕。

图 3—19 文件发送图标

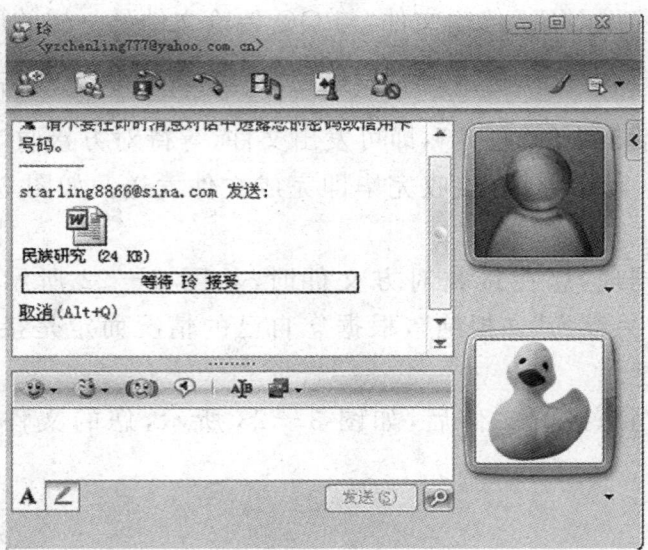

图 3—20 文件发送

图 3-21 文件发送完毕

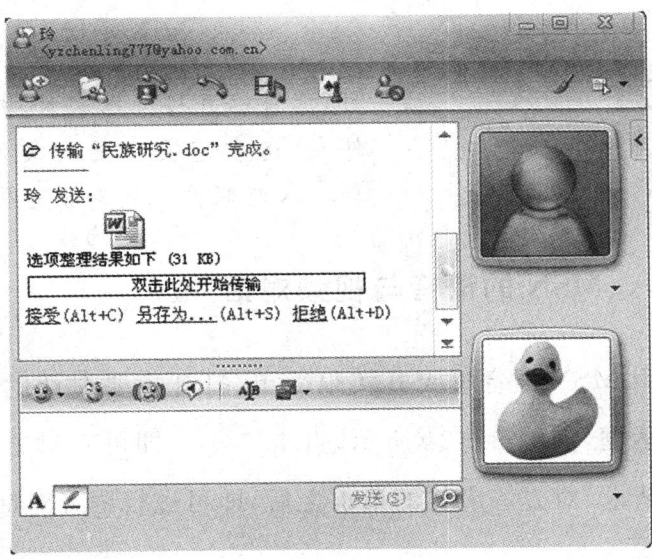

图 3-22 文件接收界面

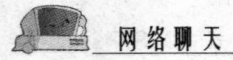

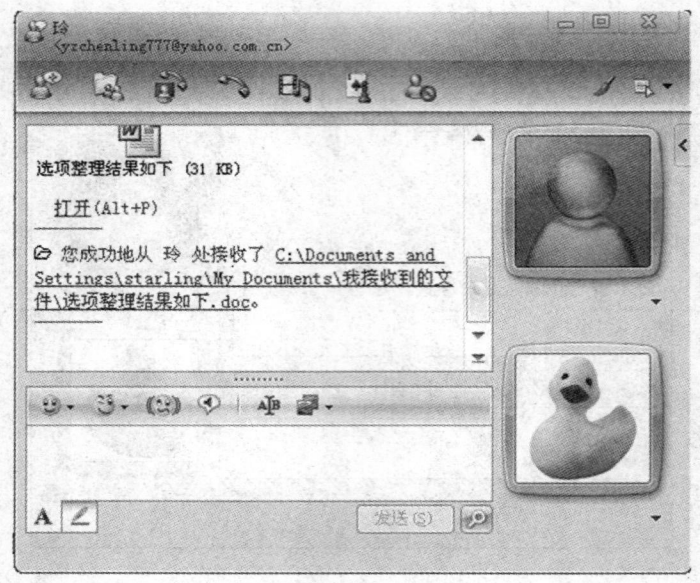

图 3—23　文件接收完毕

同 QQ 一样，在传输文件时，您可以直接进入文件所在文件夹，选中您要发送的文件，然后拖入与联系人的对话框即可。

八、MSN 的语音与视频对话

用 MSN 语音聊天其实很简单，打开您要对话的朋友的对话框，如图 3—24 所示，点击 　　　，即可对对方进行语音请求，对方答应你的请求之后，即可进行语音对话。

图 3-24 语音请求图标

图 3-25 语音已经建立

同理,视频请求和语音请求一样,点击 ,即可达到请求的目的。对方同意后,你们就可以视频对话。

小提示

语音和视频都需要双方在线,保证声卡和耳麦都能正常使用,视频时双方都需装有摄像头。

九、MSN 的卸载

卸载 MSN Messenger 和 QQ 卸载方式差不多。

方法一:请单击任务栏上的 MSN Messenger 图标,然后单击"退出"。然后单击 Windows"开始"按钮,指向"设置",然后单击"控制面板"。再双击"添加/删除程序"图标。最后从列表中选择"MSN Messenger",然后单击"添加/删除"按钮。

方法二:双击"我的电脑",然后双击左边栏中的"添加/删除程序"图标,最后从列表中选择"MSN Messenger",然后单击"添加/删除"按钮。

小提示

如果是安装盘是自带的 MSN,其占用量很小,没有必要将其删除,但是如果是从 MSN 官网下载的,不需要的话可以将其删除。

第四章
中国移动飞信（Fetion）

一、飞信简介

　　飞信（英文名：Fetion）是中国移动推出的"综合通信服务"，即融合语音（IVR）、GPRS、短信等多种通信方式，覆盖三种不同形态（完全实时、准实时和非实时）的客户通信需求，实现互联网和移动网间的无缝通信服务。飞信不但可以免费从 PC 给手机发短信，而且不受任何限制，能够随时随地与好友开始语聊，并享受超低语聊资费。飞信实现无缝链接的多端信息接收，MP3、图片和普通 Office 文件都能随时随地任意传输，让您随时随地都可与好友保持畅快有效的沟通，工作效率高，快乐齐分享！飞信还具备防骚扰功能，只有对方被您授权为好友时，才能与您进行通话和短信，安全又方便。

二、飞信的下载与安装

  登录 http://www.fetion.com.cn/Downloads/pc.as-px,点击飞信下载即可,同时很多软件下载网上都有飞信的下载,找到相应的软件下载即可。

  下载完成后,就要安装飞信。首先双击飞信安装软件,此时就会出现如图4-1所示,点击"下一步",进入飞信安装另一个界面,选择飞信安装文件的文件夹,点击"下一步",等待安装,安装完成就会出现如图4-2所示。在其中的选项中根据自己的需要进行选择,点击完成即可。

图 4—1　飞信安装 1

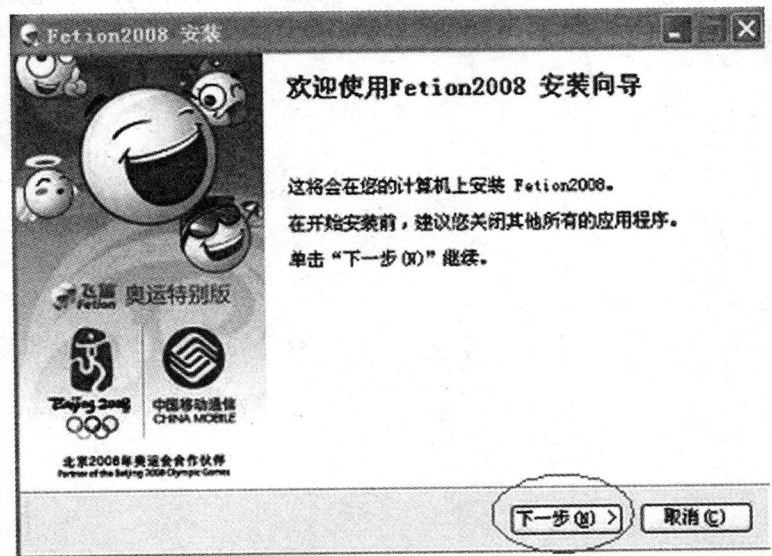

图 4—2　飞信安装 2

在安装飞信时,在选择安装
向导时,您最好选择自己需要的
功能,而不需要将所有功能都
选择。

三、如何申请飞信账号

安装完成以后,登录飞信界面,然后进行移动飞信免
费注册,如图4－3所示。点击"注册新用户",填写您的手
机号和验证码,此后系统发送短信验证码到您的手机,填
写您收到的短信验证码并设置飞信密码,再次填写您收到
的短信验证码并设置飞信密码,完善个人资料后,即完成
了飞信的注册。

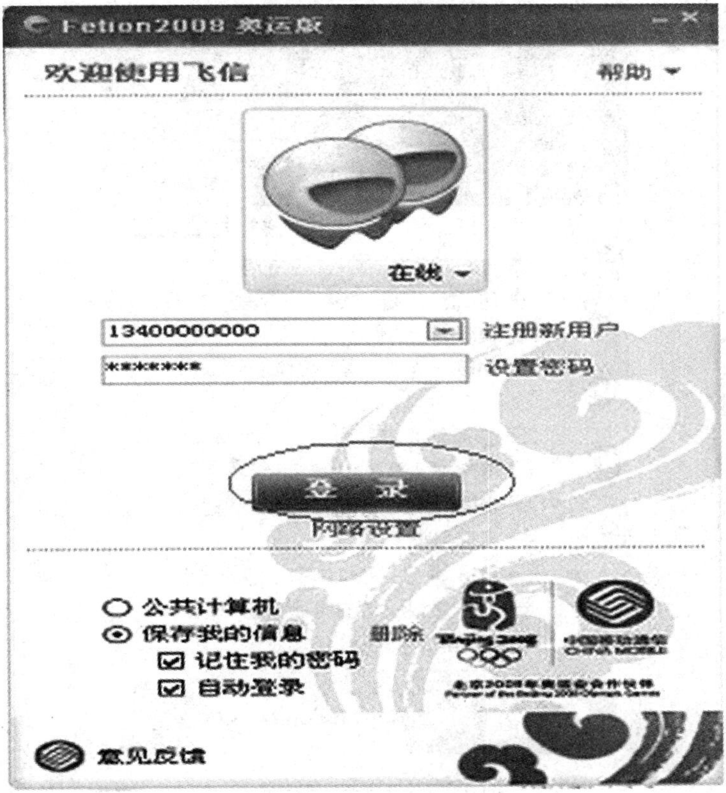

图4－3　飞信登录界面以及新用户注册界面

　　注册成功以后,在如图4－3所示界面中输入您的手机号以及设置的密码,即可登录,登录后界面如图4－4所示。

图 4-4 飞信登录后界面

小提示

您的手机号码必须是移动通信的哦!

四、修改个人资料

单击左上角的个人头像,弹出对话框,在此对话框中可以对个人资料进行修改。(1)个人设置:基本资料中可以修改自己的昵称,填写心情短语、生日、年龄等等;其次有扩展资料的填写,黑名单管理,安全选项,消息设置,状态与回复;(2)系统设置,可以对外观和声音等等进行设置。如图4－5所示。填写好修改的信息后,点击确定即可。

图4－5　设置界面

个人设置很重要哦,您的朋友可以在这里对您进一步地认知,与 QQ 不同的是,只有经过您同意的好友才能看到您的资料!

五、使用飞信发送消息

如果您要给好友发送消息,则双击该好友,弹出如图4—6所示的对话框,在下方的对话栏中输入您想与对方说的话,点击发送即可。您的好友也在线上的话,您的消息将会发到其飞信上,如果不在线上,则消息将发到其手机上。不管什么方式,只要他愿意他都可以给您回信息。

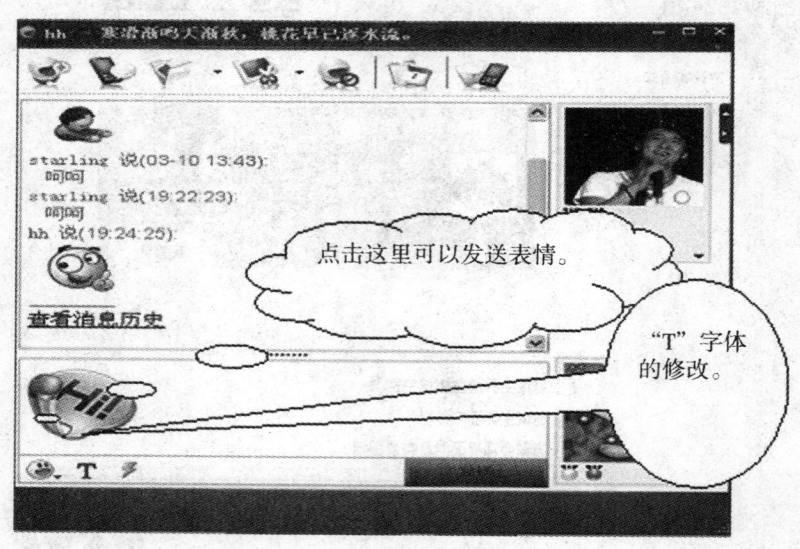

图4—6 发送消息

小提示

在发送信息时您可以如图
4—6所示那样,选择一些表情
来表达自己的心情哦。

六、使用飞信传输文件

用飞信传送文件,其原理和 QQ 是一样的,点击 ,
进入文件所在的位置,选中文件,如图4—7所示点击"打
开"按钮,即可发送。此时界面如图4—8所示,等待对方
的接收,对方接收完毕后如图4—9所示。此时文件接收
完毕。

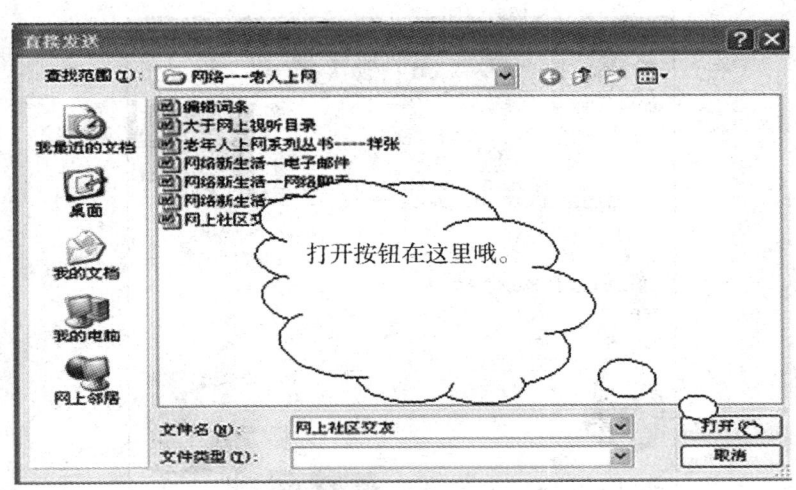

图4—7　文件所在发送框

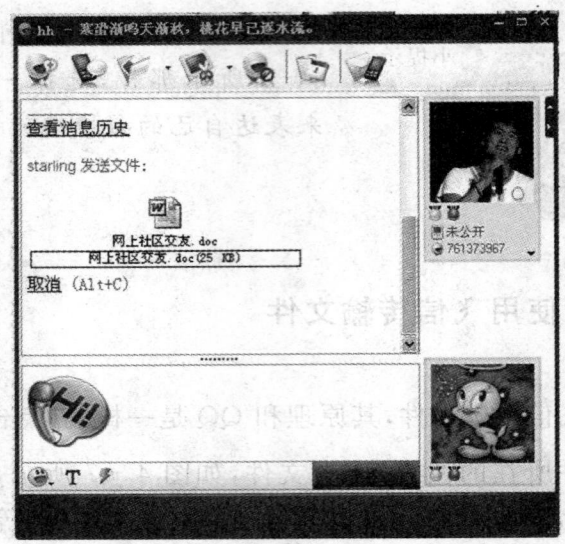

图 4-8　文件发送等待界面

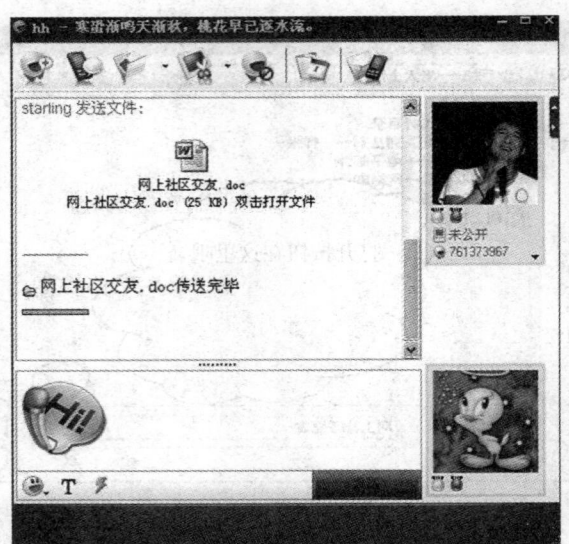

图 4-9　文件发送完毕

小提示

在发送程序文件时,最好压缩后再发送,不然要修改安全设置啦!

七、手机客户端的下载与使用

下载飞信手机客户端有以下几种方式:

1. 登录飞信官方网站 http://www.fetion.com.cn,进入下载频道,根据提示选择适合您手机型号的客户端进行下载。

2. 直接用手机发短信 D 到 12520,获得一个 wap 地址登录后直接下载手机客户端。

3. 登录飞信 wap 网站 wap.fetion.com.cn,在首页根据提示选择适合您手机型号的客户端进行下载。

现在介绍电脑下载方式,登录飞信官方网站,选择您的手机品牌和型号,如图 4—10 所示,在下载的方法中任选其一,即可下载。

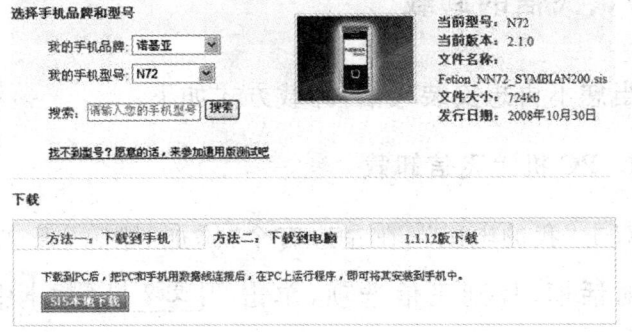

图 4—10 飞信手机客户端下载

下载完成后,你就可以开通手机飞信。在手机上启动飞信手机客户端,开始登录;登录初始化完成后,对于未开通飞信业务的用户,自动进入业务开通流程:确认飞信服务介绍、填写个人资料、进入飞信主界面。经过上面这三步,您就用飞信手机客户端开通了飞信业务。

开通飞信,还可以通过以下两种方式:

4. 网站注册开通:登录飞信官网(www. fetion. com. cn)按提示注册即可。

5. 短信开通:发送短信 KTFX(开通飞信的拼音)到 10086 就可以直接开通。

开通以后,在手机上选择飞信手机客户端程序“飞信”,启动程序并开始登录,完成登录流程后即进入飞信手机客户端主界面。

小提示

手机用户是根据流量来收费的,如果您在 PC 机上,那最好选择用电脑上的飞信哦!

八、飞信的卸载

当您不再想安装飞信,卸载方式如下:

1. PC 机上飞信卸载

双击“我的电脑”,在左边有个“添加/删除”条文,点击出现对话框,找到飞信选项,单击 更改 删除 中的删除键即可卸载飞信程序。

开始—控制面板—添加或删除程序—飞信—更改/
删除。

开始—程序—中国移动飞信——卸载飞信软件。

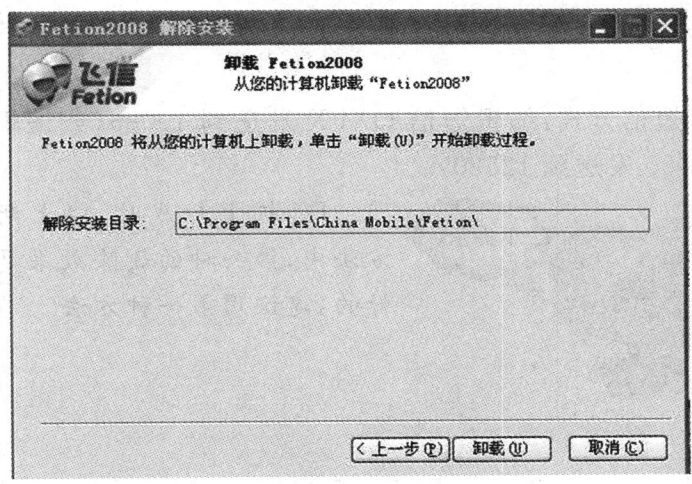

图 4—11　飞信卸载 1

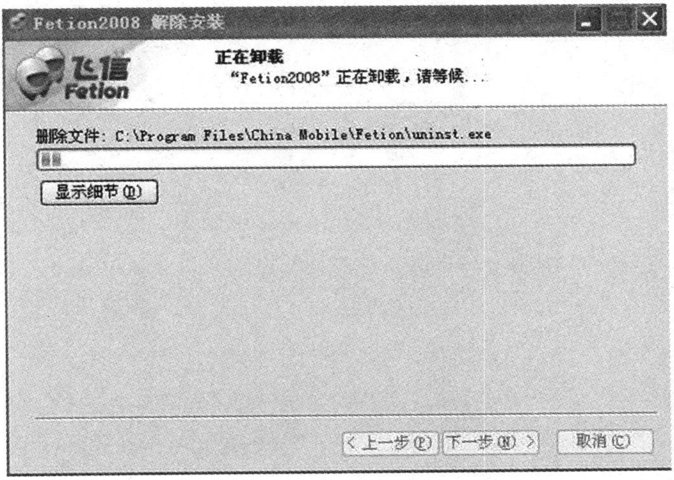

图 4—12　飞信卸载 2

2. 手机客户端飞信卸载

手机客户端在飞信主界面,选择"功能",进入"主菜单",选择"业务退订",在业务退订提示信息窗口选择"确定"。

短信方式:编辑短信 QXFX 发送到 10086(或编辑短信 0000 发送到 12520)。

小提示

PC 机上卸载时,以上两种方法中,第一种的删除效果是最好的,建议用第一种方法。

第 五 章

论坛话天下

在讲述本章内容之前,先给大家看网络上这样一个求助留言:

百度贴吧 > 中国老年吧 > 浏览贴子
添加到收藏 | 快速回复
共有43篇贴子 1 ☑下一页 尾页 　切换到新版本>>

1　老年人的恋爱问题,请大家回答。
今天一小伙子竟然说他喜欢我,我都一快60的老太太了,又没钱他看上我什么了?可看新闻江西和小伙结婚那位最后真的很幸福,我心里也很矛盾。请大家给我出个主意,在这里先谢谢了。还有请不要回没意义的话。

作者: 64.255.180.*　　　　2008-11-16 13:23　　回复此发言

看到这样的别人生活中的困惑,你是不是也有话想说呢? 这里先看看别人是怎么回复的——

2　回复: 老年人的恋爱问题,请大家回答。
是别有用心吧,当心!

作者: 花儿飞F露XA 📶离线留言 2008-11-16 14:54 回复此发言

3　回复: 老年人的恋爱问题,请大家回答。
当心点为妥

作者: 夕阳春花 📶离线留言 2008-11-16 15:48 回复此发言

4　回复: 老年人的恋爱问题,请大家回答。
要找也找一个年龄和你差不多少的 别听传说中的事 那是故事

作者: 梦中行尽天涯路 📶离线留言 2008-11-16 16:31 回复此发言

网络聊天

7 回复：老年人的恋爱问题，请大家回答。
不必大惊小怪，要领其到婚姻登记部门，彻底了解其人的地址、人品、家庭，调查清楚再做定论。他要是不去，一定是坏人。

作者：刘耀莹　离线留言　2008-11-16 18:42　回复此发言

8 回复：老年人的恋爱问题，请大家回答。
自己的命运自己把握，别人的意见只做参考。

作者：渴望繁华　离线留言　2008-11-16 19:04　回复此发言

9 回复：老年人的恋爱问题，请大家回答。
新闻故事是个别现象，慎重。

作者：微笑的老天使　离线留言　2008-11-16 19:18　回复此发言

10 回复：老年人的恋爱问题，请大家回答。
他是一挺好的孩子，我认识他有半年了吧。最开始他是在居委会当义工后来又帮忙照顾我日常生活，人品没问题。可我怕把人家孩子的未来给耽误了。这么好的人把青春浪费在我一老太太身上，不值得。我要不在劝劝他吧。

作者：64.255.180.*　2008-11-16 19:44　回复此发言

20 回复：老年人的恋爱问题，请大家回答。
上岁数的人在男女感情上一定要慎重，淡薄些好。一旦受挫，是很致命的。原本是寻找幸福，却找来苦恼，经受不起打击。不像年轻人能承受得住。

作者：222.37.234.*　2009-2-20 16:38　回复此发言

13 回复：老年人的恋爱问题，请大家回答。
爱，没有年令界限。只要爱，就勇敢点。

作者：老人家7899　在线交谈　2009-1-16 10:15　回复此发言

14 回复：老年人的恋爱问题，请大家回答。
我觉得男大，女小，不算违背常理，而男小，女太大了，就有点违背常理了。对您来说，可能没什么。但对他来说，就是让他走弯路，他也许是同情，或是一时冲动。您应该直接拒绝他，而不是劝劝他。.

就是真心爱您，您也要多加考虑，公主和王子，那就是童话，不是生活，在没有接触到具体生活的时候，怎么都行，也会觉得幸福，一旦接触了。想反悔都来不及，因为您付出感情了。您没那么多精力去饱尝痛苦。所以趁着现在，还是相安无事，就不要再走下去了。.退出来，对谁都好！！

也许有的地方，说错什么了，请您原谅。.呵呵~

作者：一绣　离线留言　2009-1-19 20:13　回复此发言

28 回复：老年人的恋爱问题，请大家回答。
他也许对您更多的是同情，看您一个老人家也蛮不容易的，他对老人好是我们要发扬的美德，但是一个小伙子都一个可以做母亲的人示爱是不是有点不符合常理了啊！也是劝阿姨果断一点吧！您也说那个小孩人品不错，既然这样您就更加不能耽误别人的一生，话是这么说爱情是没有界线，但是事实上并不是我们想得的那么简单，您现在已经都60岁了，假如您们结婚了，您还可以为他生儿育女吗，答案肯定是不！那样时间一长，他不说什么，您自己都会觉得自责，况且您还要面对您自己的子女，他的父母，舆论的压力。这些到时候都会让您端不过来气的！放弃吧！畸形的爱！

作者：绝世态爸　离线留言　2009-4-13 14:42　回复此发言

28 回复：老年人的恋爱问题，请大家回答。
　　嗯，据我同龄的看来，小女孩可能会有对父那样依靠的感觉喜欢上年纪大得多的，有安全感，而男孩子的话，正常几乎不可能……而且女人对感情要比男人专一一些，一般情况下。
　　不知道你们差多少，或许有点心里畸形吧，可能他也根本就分不清是不是男女之爱，非常不可靠，再加上外在压力，到头来多是大家都伤害……

作者：wwjjyy　　[离线留言]　2009-4-16 17:45　　回复此发言

29 回复：老年人的恋爱问题，请大家回答。
　　其实他说喜欢你没什么，我是22岁的小男人。我喜欢中老年人，他喜欢的是你的人，虽然你没钱，这就所谓的恋老，如果你觉得他为人可以，你可以接受他，

作者：211.137.59.*　　　　2009-4-16 20:11　　回复此发言
这条留言是通过手机发表的，我也要用手机发表留言！

　　我们可以看到大家众说纷纭，各执一词。有表示怀疑的，有赞赏鼓励的，也有客观冷静分析的，从各个方面帮助提问人解决心中的疑惑。你是不是也很想参与进来，表达自己的声音呢？下面我们将会一一给你讲解这样的网络聊天平台——网上论坛（英文名字为 BBS）或者叫网上社区。

　　网上论坛可以说是一个大平台，你通过注册一个 ID（也就是你网络上的身份）然后在这个虚拟的平台上和来自四面八方的人进行交流。

一、什么是 BBS

　　BBS 的英文全称是 Bulletin Board System，翻译为中文就是"电子公告板"。BBS 最早是用来公布股市价格等类信息的，当时 BBS 连文件传输的功能都没有，而且只能在苹果计算机上运行。早期的 BBS 与一般街头和校园内的公告板性质相同，只不过是通过电脑来传播或获得消息而已。一直到个人计算机开始普及之后，有些人尝试将苹果计算机上的 BBS 转移到个人计算机上，BBS 才开始渐渐普及开来。近些年来，由于爱好者们的努力，BBS 的功能得到了很大的扩充。

目前,通过 BBS 系统可随时取得各种最新的信息;也可以通过 BBS 系统来和别人讨论计算机软件、硬件、Internet、多媒体、程序设计以及生物学、医学等各种有趣的话题;还可以利用 BBS 系统来发布一些"征友"、"廉价转让"、"招聘人才"及"求职应聘"等启事;更可以召集亲朋好友到聊天室内高谈阔论……这个精彩的天地就在你我的身旁,只要您在一台计算机旁就可以访问校园网,可以进入这个交流平台,来享用它的种种服务。

小提示

BBS 的另一解释:德国汽车零部件生产厂商 BBS Kraftfahrzeugtechnik AG,主要生产汽车轮毂,产品供应世界著名汽车厂商。同时也赞助 F1、WRC、FIA GT 等著名国际汽车赛事。其产品深受汽车改装爱好者喜爱。

二、论坛论什么

BBS 是多用于大型公司或中小型企业开放给客户交流的平台。对于初识网络的新人来讲,BBS 就是在网络上交流的地方,可以发表一个主题,让大家一起来探讨,也可以提出一个问题,让大家一起来解决等。

三、BBS 网络流行语言

网络流行语,顾名思义就是在网络上流行的语言,是网民们约定俗成的表达方式。它有两大特征:一是年轻化；二是有文化。

年轻人思想活跃，思维灵活，喜欢新鲜事物，渴望交流，崇尚创新，追逐时尚，而且不愿意承受现实生活中太多的约束（包括主流语言规范的约束）。具有匿名性的网络虚拟世界，无疑给以年轻人为主的网民群体提供了发挥的空间；同时，由于他们又具有较高的文化素质，熟悉英语及计算机语言，使"网络流行语"的产生具有了必然性和可能性。

语言是时代的反映，网络语言在一定程度上也是当前"网络时代"的反映，与现代人的生存方式和思维状态密切相关。因而，随着网络飞速发展，"网络流行语"必将扩大其影响范围。所以在网络上行走您还是要认识一些必要的网络语言。

1. 称呼语

偶 & 私 & 俺："我"的意思；MM："妹妹"或"美眉"全拼的缩写；GG："哥哥"全拼的缩写；JJ："姐姐"全拼的缩写；DD："弟弟"全拼的缩写；GF："女朋友"的英文 girl friend 的缩写；BF："男朋友"英文 boy friend 的缩写；PLMM："漂亮美眉"全拼的缩写；PPMM："漂漂美眉"的拼音缩写；TX："同学"的拼音缩写，也作"童鞋"；JMS："姐妹们"的缩写，"S"是英文中的复数用法。

2. 问候类

CU：See You（英惯用语转来）；CYA：SEE YOU；RUOK：Are You OK? 白白（88）：再见；IOWAN2BWU：I only want to be with you；M $ ULKeCraZ：Miss you like crazy；OIC：Oh，I see；CUL8R：see you later；RPWT：人品问题（多用于解释某人无故倒霉）；OICQ：意思是 oh，I seek you（注：腾讯 QQ 的原名也是 OICQ）；3166：再见（日语）；886：再见；3Q：Thank You；PF：佩服；LG：老公；LP：老婆；＝＝：等会再聊

3. 别称类

恐龙：长得不太好看的女生（带歧视性质，请不要多用）；老大：常被众人吹捧又常被众人暴打的人；楼主（楼猪）：发帖子的人；楼上的：前一个发帖子的人；斑竹：版主之意，有时写作"板猪"等；板斧：版副；LS：楼上；LZ：楼主；LX：楼下；RT：如题；TS：同上；RP：人品，一般指运气；MS：貌似；BC：白痴；BS\B4：鄙视；BT：变态（该词也有 BitTorrent 下载的含义，也有 Bad Taste 品味差的意思）；马甲/MJ：已经注册的论坛成员以不同的 ID 注册的论坛成员，一般指不常用的，区别于"主号"；zt3：猪头 3；zt4：猪头 4（借用流星花园 杉菜语）；菜鸟：表示什么都不懂；MPJ：马屁精；ODBC：哦大白痴；XB：小白（小白痴，该词也作为微软 XBox/XBox360 的简称）；腹黑：黑心肝，或是表里不一；PS：1. photoshop，2. 补充说明；BY：作者。

4. 发泄类

靠：语气词；倒：表示动作，现常用 Orz；雷：指对方说话让自己出乎意料，就说被雷到了；晕倒：无法理喻到了极点；9494：就是！ 就是；me too：我吐；表：不要，将"不要"两字快速连读而成；酱紫：这样子，将"这样子"三字快速连读而成；好康：好看；牛 B：又作 NB/NX/牛 X/牛叉，厉害的

意思；ze：贼恶（真恶心吧），真恶；SE：少恶；FT：faint 的简称，晕倒的意思；粉：很，由闽南方言演变；寒：害怕；木有：没有（出自方言）；米：没有（有时指域名）。

5. 动作类

灌水：发无聊的帖子；抛砖：跟贴；拍砖头：批评某帖；闪：离开；踢一脚：跟贴；路过：随便看了一下帖子而已；864：扇耳光，由 Mop 当中代号为 864 的表情贴图而来；PP：批批，可能是批评指正的意思（该词也有"漂漂"、"屁屁"的意思）；ZT：转贴；pmp：拍马屁；pmpmp：拼命拍马屁。

6. 其他类

纯净水：无任何内容的灌水；水蒸气：也是无任何内容的灌水；CJ：纯洁；弓虽：强的左右部分；BTW：By the way，顺便说一下（英惯用语转来）。

小提示

7. 近年流行语

（1）思想有多远，你就给我滚多远——名言改编，心有多高，舞台就有多大；天有多高，梦想就有多远。

（2）路漫漫其修远兮，吾将上下而求人——屈原《离骚》中的原句是"路漫漫其修远兮，吾将上下而求索"。此流行语仅改一字，便透出了人生的无奈。

（3）烧香的不一定是和尚，也可能是熊猫——2006 年初，"熊猫烧香"病毒肆虐网络，短短两个月内，这只举着三

根香的熊猫和它的 600 多个变种病毒让数百万电脑用户深受其害,数据的安全荡然无存。

(4)我不是随便的人,我随便起来不是人——最初的网络签名,表达"人不犯我我不犯人"的初级愿望,人人本性中都有阴暗的一面,因环境而定。

(5)好好活,就是做有意义的事;做有意义的事,就是好好活——电视剧《士兵突击》主人公许三多的名言。意义的本身也许并没有意义,但相信意义却让人有了坚持生活的理由。

(6)农妇,山泉,有点田——一大学生最低奋斗目标,灵活引用广告语,化用无痕。随着近年大学生就业的困难,部分学生对目前就业形势的认识。

(7)大师兄,现在二师兄的肉比师父的都贵了——网上流传的沙僧对孙悟空说的话。从 2006 年 5 月开始,全国各地的猪肉价格便开始陆续上涨,与此同时,其他肉类、鸡蛋等的价格也跟着水涨船高,并带动着 CPI 连续几个月高位运行。

(8)骑白马的不一定是王子,也有可能是唐僧。

(9)有翅膀的不一定是天使,也有可能是鸟人。

(10)不抛弃,不放弃——电视剧《士兵突击》中钢七连的连训。让人们感觉重新找到了友谊、亲情等这些被紧张生活所冲淡的温情。汶川地震中也激励了无数的人们。

(11)生,容易;活,容易;生活,不容易!

第 六 章

轻松使用论坛

一、注册论坛会员

首先打开您要注册的论坛,论坛的登录界面上都会有新手注册的按钮,如图 6－1 所示。

图 6－1　强国论坛界面

点击注册按钮,一般论坛将会出现社区管理条例如图 6－2 所示,有的只是一个链接,有的论坛会将其管理条例

放在网页上。您只要点击"同意"即可,如图 6-2 所示。

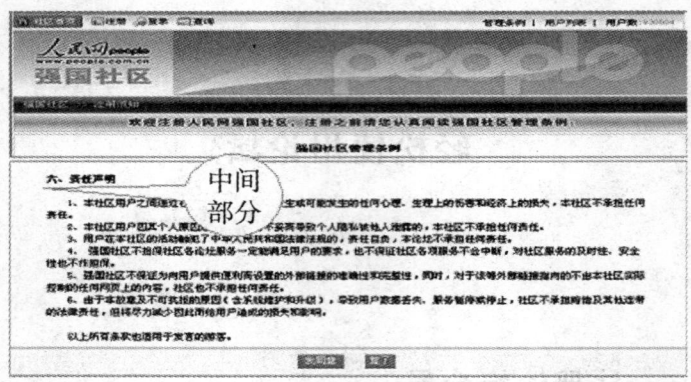

图 6-2 强国论坛注册管理条例页面

下一步将是填写注册信息,包括注册用户名、密码等。在注册过程中,您一定要记住自己的用户名和密码,以免注册之后忘记自己的信息。

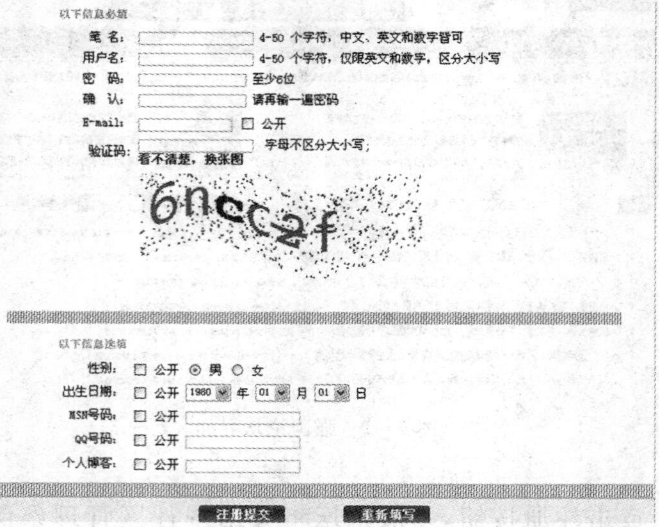

图 6-3 强国论坛信息注册

填好信息后就可以注册提交,如果信息符合论坛要求,就会出现注册成功的信息提示,如果验证码或者其他信息有问题,它会提示您信息有误,再返回此页检查并修改信息,直到注册成功为止。这样您就拥有该论坛的ID啦。

注册成功后论坛会给您发短信提示您已经注册成功,而且您登录之后,会有显示,如图6—4所示。

图6—4　强国论坛注册成功

二、登录论坛

打开人民网的强国论坛后,找到登录按钮,如图6—5所示,然后进入登录界面,如图6—6,根据上面的提示填写,其中,用户名是你注册时的ID号,而不是笔名。验证码要看清楚才输入,保证一次登录,以节省时间。

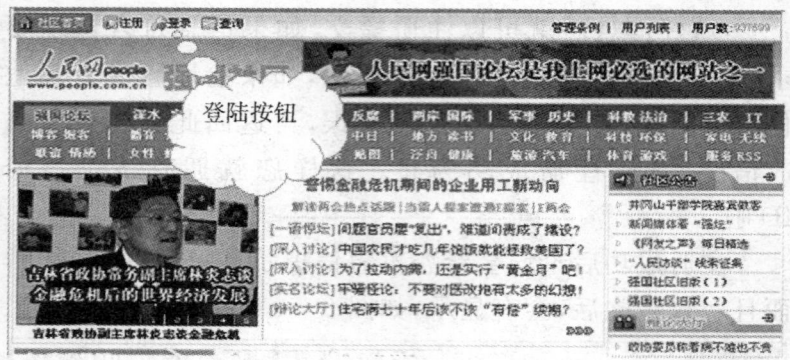

图6-5 登录按钮

图6-6 登录界面

登录后如图6-7所示,证明您已经登录成功。

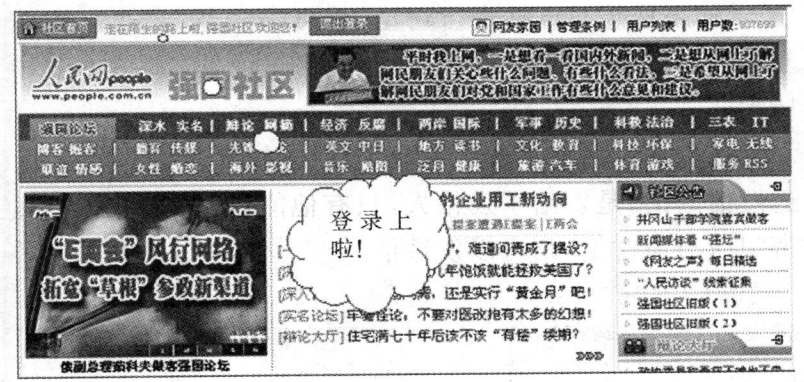

图 6－7 登录成功

三、阅读与回复

进入论坛，根据你的喜好，点击该帖，阅读发帖人所发表的言论，如图 6－8 所示，该帖有一个回帖人。

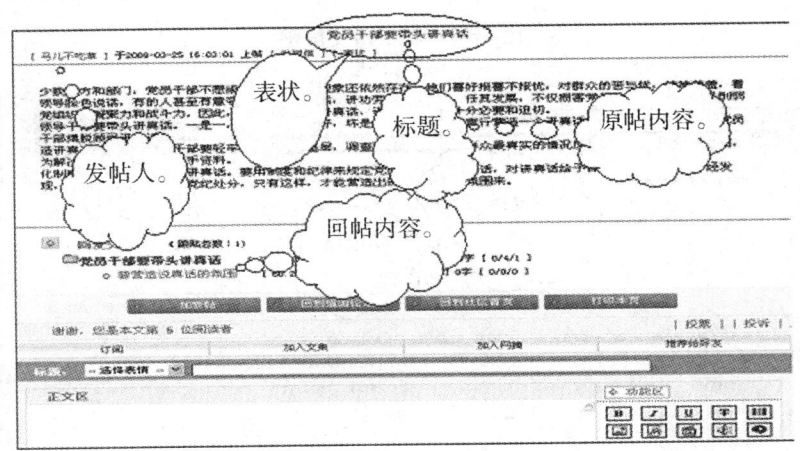

图 6－8 帖子阅读

如果您想对该帖进行讨论，就点击表状，右边出现回复字样，则出现如图 6－9 所示，点击回复，如图 6－10 所示。

如果要返回图 6－8 界面，则点击树状按钮即可。发送短信的话，是发给了发帖人，只有他能看到，如果您有私密问题与他讨论，则可以发短信。

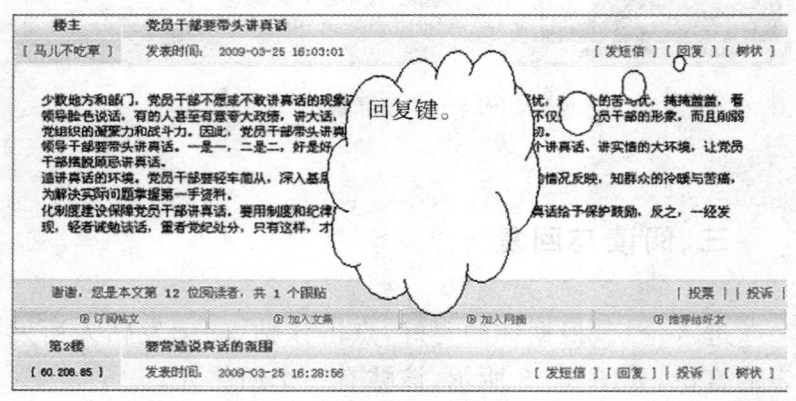

图 6－9　帖子回复按钮

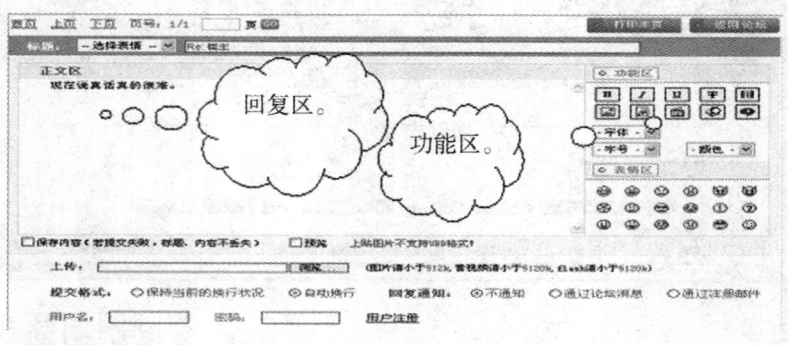

图 6－10　帖子回复区

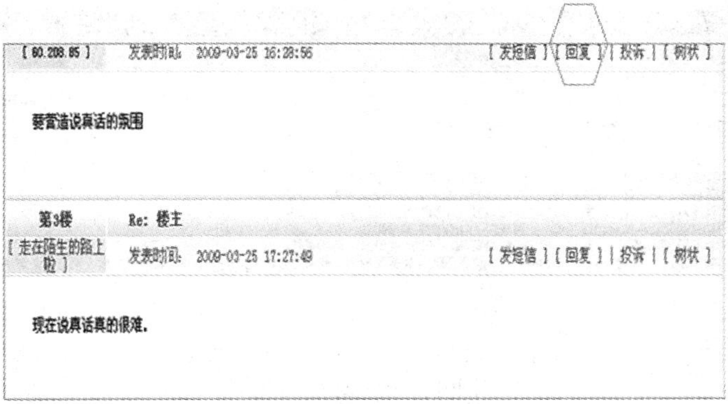

【60.208.85】　发表时间　2009-03-25 16:28:56　　　　【发短信】【回复】【投诉】【树状】

要营造说真话的氛围

第3楼	Re: 楼主
【走在陌生的路上啦】	发表时间　2009-03-25 17:27:49　　　【发短信】【回复】【投诉】【树状】

现在说真话真的很难.

图 6－10　回复帖子显示(三楼)

四、发表新帖

　　登录之后,有个发新帖的按钮,双击进入,输入标题、正文区内容,检查内容无误后就可以提交了,如图 6－11 所示。但是提交后不会马上出现在论坛上,等待坛主的审核,审核完毕后,符合论坛要求,就可以看到你的帖子啦。如图6－12 所示。

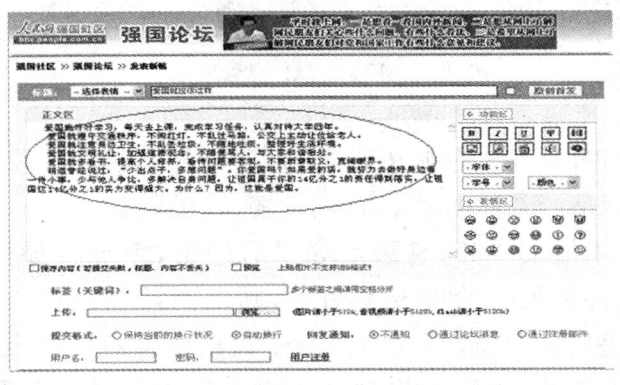

图 6－11　发表新贴

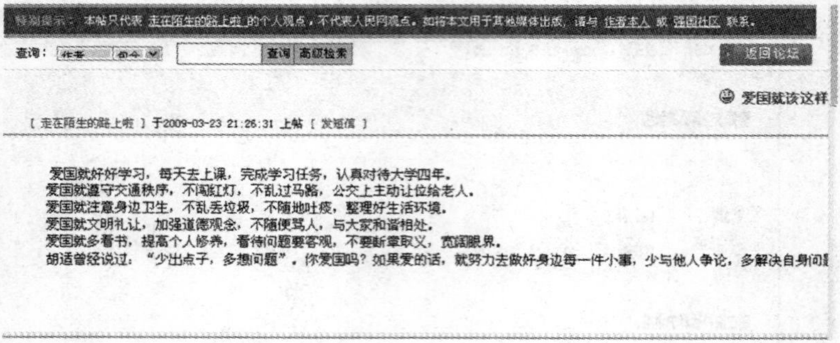

特别提示：本帖只代表 走在陌生的路上啦 的个人观点，不代表人民网观点，如将本文用于其他媒体出版，请与 作者本人 或 强国社区 联系。

查询：作者 of4 ▼ _____ 查询 高级检索   返回论坛

😊 爱国就该这样

［ 走在陌生的路上啦 ］ 于2009-03-23 21:26:31 上帖 [发短信]

　　爱国就好好学习，每天去上课，完成学习任务，认真对待大学四年。
　　爱国就遵守交通秩序，不闯红灯，不乱过马路，公交上主动让位给老人。
　　爱国就注意自身卫生，不乱丢垃圾，不随地吐痰，整理好生活环境。
　　爱国就文明礼让，加强道德观念，不随便骂人，与大家和谐相处。
　　爱国就多看书节，提高个人修养，看待问题要客观，不要新章取义，宽阔眼界。
　　胡适曾经说过，"少出点子，多想问题"，你爱国吗？如果爱的话，就努力去做好身边每一件小事，少与他人争论，多解决自身问题

图 6－12　发帖成功

五、收发论坛信息

图 6－13　论坛信息管理栏

　　如图 6－13 右上角所示，主要是短信、好友、文集、回收站、网摘、辩论、掘客、访谈、设置、帮助等。

　　其中短信业务，登录后如果有短信，系统会提醒您有短信。如果您要给网友发短信，则上网站登录进入论坛，点击"短信息"链接便会弹出一个短信息窗口。再点击［发送消息］链接，在随后出现的界面上输入对方笔名及短信内容，点击"确定"按钮就可以了。短信息有单发和群发两

...

...

种方式,群发的前提是为好友建立群组。使用短信息交流的前提是社区注册用户其账号已激活,并且上网站登录。强国社区已登录用户不断刷新论坛版面即可实现自动接收短信功能。接收到短信时,在论坛版区左上方会出现提示,点击该图标就可打开短信息信箱。未阅读的短信标题会加粗显示。点击短信标题便进入读短信页面,可完整阅读短信内容。在短信内容表框里即可输入回复内容,然后点击"确定"按钮完成。每位用户的短信息每条最长为1000字节,信箱最大容量为100封。

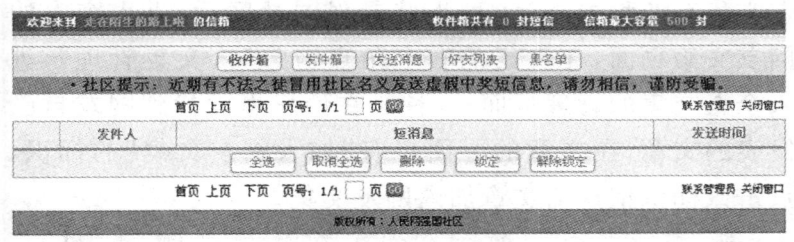

图6—14 论坛短信管理界面

好友管理,添加好友,输入您好友的笔名,确定后即可。如图6—15所示,并可以对其进行分组管理。"好友列表"主要用途在于增进相互友谊,便于网友及时联络。"好友列表"使用前提是社区注册用户其账号已激活并且上网站登录。

如何将对方加入好友列表呢? 一种方法是通过阅读该网友的帖子,在下方跟帖表框里点击"加为好友";或者通过阅读该网友发来的短信,在读短信页面点击"加为好友"。打开"好友列表"可查询好友是否在线,又可简化短信发送步骤。点击"发短信",好友网名会自动出现而不必另外输入,只需填写短信内容即可。社区对用户"好友列表"中的好友个数不做限制,用户可以自行增减。

图 6－15　论坛好友管理界面

　　在文集界面中(如图 6－16 所示),您可以在其中阅读到网友的文集。您也可以拥有自己的文集,更新自己的网友文集有两种方式:一种是登录强国社区后,进入个人的网友文集页面,在文集的右上角点击"进入文集管理",进入个人文集的管理页面;一种是在论坛里面找到网友自己发表的文章,在文章的下面也有"加入网友文集"的标识,点击该标识把这篇文章加入网友文集。

图 6－16　文集界面

网摘,顾名思义,是摘取网络上别人的内容,然后收集起来,建立一个精品文件夹。它与博客最大的不同在于网摘里面收集的都是网上摘取的不同的文章链接。强国网摘就是强国社区为网友提供的一个这样的空间。要拥有一个强国网摘,您需要成为强国论坛的注册用户。之后,您就在强国社区拥有了属于自己的网摘。以后,当您看到喜欢的网页或者文章,就可以直接把这篇文章保存到自己的网摘里面,以方便您日后对该网页进行浏览。如图 6—17所示。

图 6—17　网摘界面

　　强国社区是继 BBS 论坛之后为网友倾力打造的又一互动交流平台。在这里您可以发起辩论,也可以参与其他人发起的辩论,发表观点、发表评论。其宗旨是百家争鸣、激活思想、活跃思维,在辩论中碰撞智慧的火花,在辩论中展示独特的风采。如图6-18所示。

　　注册登录用户在辩论大厅点击"发起辩论",按要求填写完整即可申请辩题。其中,实名用户在选择参与范围时,可在实名用户与所有用户中任选其一。您提交的辩题处于审核状态,经版主批准后生效。在每一辩题中,您可选择正方、反方或第三方"发表观点";同时可以对其他人发表的观点"评论一下";您也可以对其他人发表的观点"投票支持"。

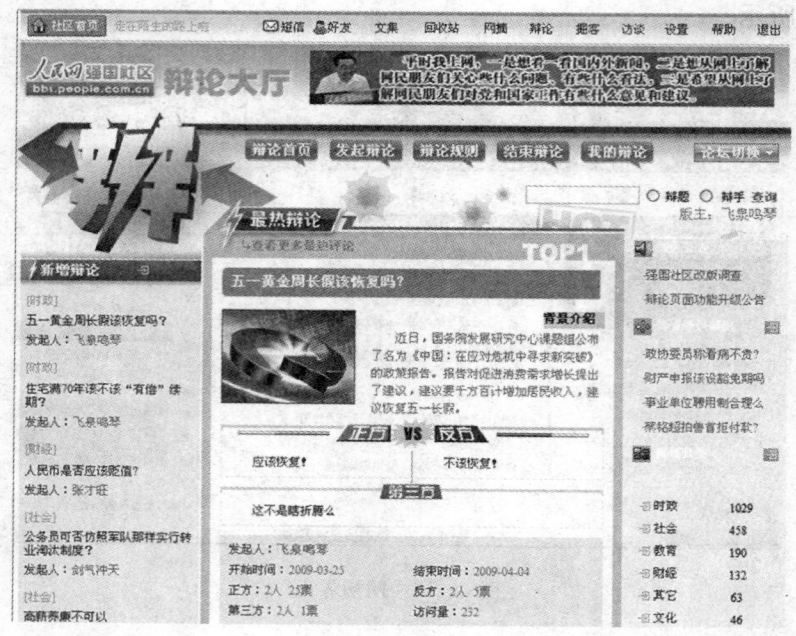

图6-18　辩论大厅界面

小提示

辩论结束后,改为只读版面,您不可以再发言、评论或投票。

掘客网站,如图 6－19 所示,是网民发现和分享互联网新闻和信息的地方。网站中的所有内容来自其他网站,这些内容由广大网民发布,并依靠网民们的选择把最好最新的新闻和信息放在显要位置。在掘客网站,广大网民共同参与收集并决定新闻和信息的价值。

只要您在掘客网站注册并登录后,就可以发布新闻信息的链接,其他人看到此条内容后如果认为它很有价值,就可以"顶"此内容;如果感兴趣还可以对内容品评一番;如果认为内容重复或者是垃圾信息,还可以"埋"此内容;如果某条新闻信息顶和评论的次数多且是最近发布的,此内容就能够显示在最重要的位置,这样最新且被大家认为最有价值和最感兴趣的新闻就会放到显要位置给更多的人分享。

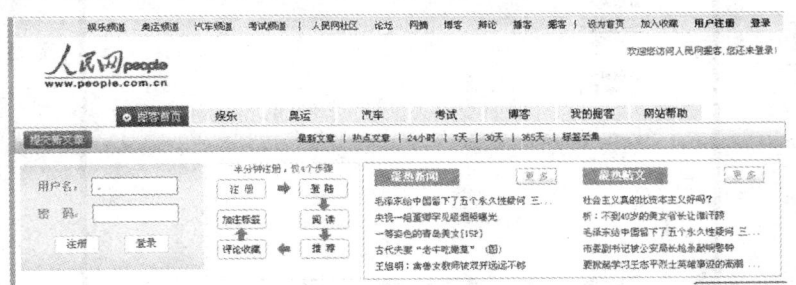

图 6－19　掘客网界面

人民网访谈主要是对访谈的报道,如对话、访谈、采访、交流等等,让您更好地了解国家的动向与国情。如图 6－20 所示。

图 6-20　人民网访谈界面

　　点击设置之后界面如图 6-21 所示，在这里您可以修改自己的设置，如排序标准、排序规则、背景颜色等，点击设置键即可。

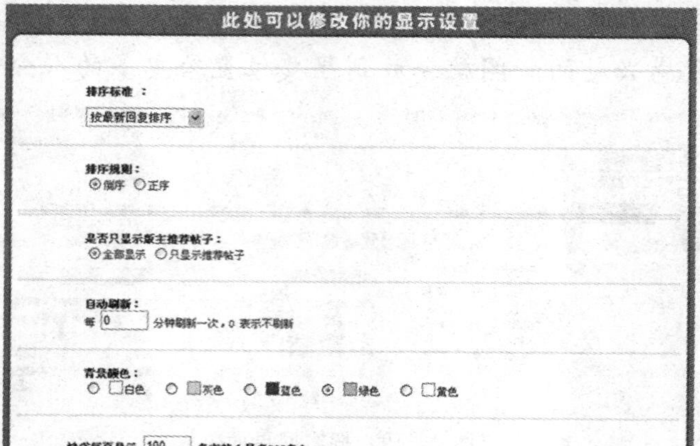

图 6-21　设置界面

帮助选项中,如图6-22所示,新手可以点击看看,里面有很多关于强国论坛的介绍,如：如何注册笔名和用户名？如何避免笔名和用户名注册雷同现象？什么是实名注册？如何更改个人信息等等。

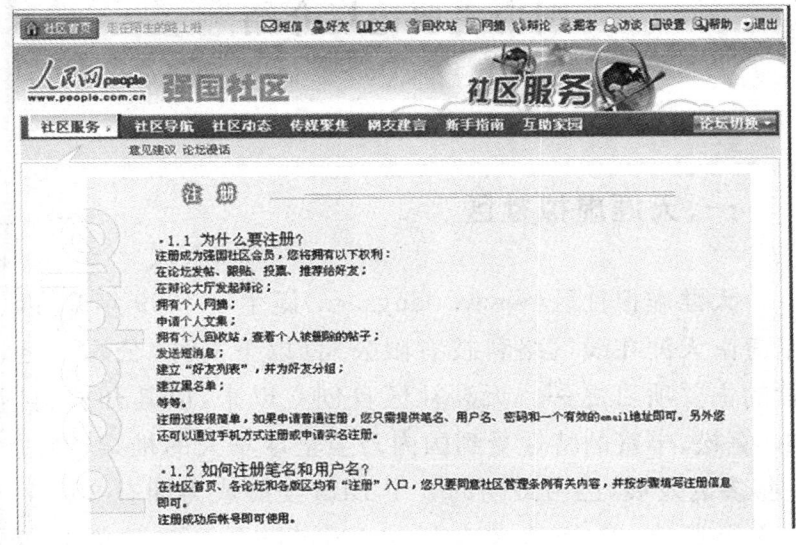

图6-22　帮助界面

小提示

如何向社区投诉

　　打开要投诉的帖子,点"投诉"进入相关页面,选择帖子问题类型并输入投诉原因(100字以内)提交即可。

第七章

国内主要论坛介绍

一、天涯虚拟社区

天涯虚拟社区（www.tianya.cn）诞生于 1999 年 3 月，是海南天涯在线网络科技有限公司（以下简称"公司"）运营的主要项目之一。天涯社区自创立以来，以其开放、自由、宽松、丰富的特性受到国内乃至全球华人的推崇，经过 5 年多的发展，已由最初的 3 个 BBS 发展成为拥有 300 多个公共版块、21 万个博客（www.tianyablog.com）的著名的大型人文社区。

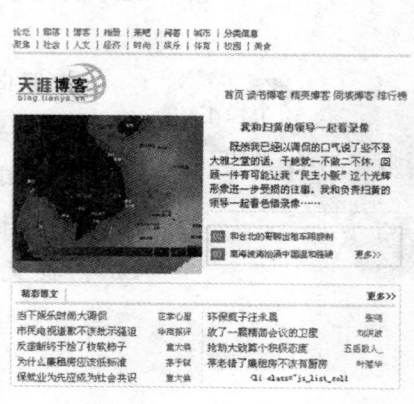

图 7—1　天涯社区

1. 内容板块

天涯博客(blog. tianya. cn)是天涯社区于 2004 年 1 月正式推出,是国内极具影响力的博客网站之一,社区的注册会员可以免费使用。天涯社区是国内第一家将社区公共论坛和个人博客相结合的综合类社区。

天涯相册(pic. tianya. cn)是天涯社区为更好地服务广大社区用户而推出的增值功能服务。用户可以通过天涯网络相册建立自己的相册,通过群与朋友分享照片,欣赏几百万网友的精彩照片,参加在线摄影比赛以及在论坛与大家交流等。

天涯部落(groups. tianya. cn)是一种全新的网络生活方式。它以话题和关系为纽带,有完善的角色体系和权限体系,自由开办,自主开通,秉承天涯社区历来的开放与人文传统,满足用户多种需求,正向着"小圈子,大影响"的方向迈进。

分类信息(info. tianya. cn)是服务于本地的个人商务信息发布平台。面向天涯网友,满足大家互联网上发布所在地区的生活消费信息或商品的需求。设置栏目含同城活动、房屋租售、教育培训、征婚交友、跳蚤市场、招聘求职、车辆买卖等。

小提示

在这里您可以点击任意板块进入,寻找自己喜欢的话题。

2. 板块

主版：包括天涯杂谈、情感天地、舞文弄墨、关天茶舍、经济论坛、闲闲书话、诗词比兴等 54 个版块。其中关天茶舍、天涯杂谈、舞文弄墨、时尚资讯、贴图专区、娱乐八卦、情感天地等版块日浏览量超过 150 万，在业内具有较高的地位。

城市版：目前总共开通的天涯城市共有 40 多个省份和地区的 120 个以城市区域划分的讨论版，其中包括港澳台和海外版。

天涯别院：目前别院版块包括文学、时尚、情感、娱乐、女性、影音、兴趣、聚会、专题、其他共 10 类 81 个版块。

职业交流：包含有房产观澜、会计、警察天地、打工一族等版块共计 20 个。

大学校园：包括青春杂言、女生宿舍、男生夜话、毕业之后、校园贴图、考场加油站等版块共计 16 个。

天涯网事：包括天涯网刊、天涯志、瞭望台、天涯居委会、天涯婚礼堂、天涯玫瑰园、天香赌坊、天涯交易所等版块共计 13 个。

小提示

在纷繁复杂的论坛世界里，不免会有很多糟粕，在这里，您要学会自我判断哦！

3. 社区服务

建议申请：如果你对天涯社区有什么意见和建议，都可以在这里发表。也可以在这里投诉别人，意见建议栏的斑竹都是社区管理员，他们会热心地帮助你解决问题。如果你是第一次来的话，在观看本帖后，仍有问题，也可以在意见建议栏发帖咨询。

意见投诉：网友可在此就社区活动中产生的分歧进行申辩、投诉，同时也可以就社区的产品、技术等方面提出自己的意见。

议事广场：为保障天涯社区持续健康的发展，确保能及时收集、听取社区网友对天涯社区的建设、管理、产品、服务等方面的各种声音，打造和谐人文天涯，特开设天涯[议事广场]版块作为网友讨论专区。

社区商店：社区商店现有数码、心意、食品、交通工具、常用商品、动作、定制、节日、网友原创 9 个货架，共 68 件虚拟礼品。您可以在这 9 大类 68 件虚拟礼品中挑选您中意的，赠送给在社区里的朋友。当您朋友收到您赠送的礼物时，我们会以社区短消息的形式通知他，您购买礼品时消耗的天涯积分也同时通过礼品的形式转送到朋友的账号里（礼品在转赠的过程中会相应扣去一定的税率）。如果您账号上天涯积分为零，则不能进行购买和赠送。

天涯爱墙：天涯爱墙诞生于 2006 年 2 月 14 日，已经记录了两万多张情意绵绵的纸条。您可以为在天涯上结识的好友发情意纸条，也可以向天涯之外的好友发送，我们可以通过邮箱的方式通知他（她）来接收您为他（她）准备的纸条。发布纸条完全免费，您所有发布过及接收过的纸条都可以登录天涯后在"我的爱墙纸条"中查看,也可以在天涯爱墙页面中进行查询。

天涯粉丝墙:粉丝墙是天涯爱墙的延伸。在这里,您可以随时随地为自己喜爱的偶像发祝福、支持的纸条。纸条中可以插入自己音乐盒中的音乐,随时分享。当您的偶像的纸条到达 10 张时,就会出现在列表明星里,这样既方便查询,也是一件很有面子的事哦。发布纸条完全免费,通过粉丝墙,还可以前往明星的部落,听到他唱的歌曲,快来体验吧。

天涯之音:天涯之音是天涯社区为更好服务广大社区用户而推出的增值功能服务,您在这里可以创建自己的音乐盒子,上传及保存音乐;与朋友分享音乐;在论坛、部落中调用盒子中的音频。

品牌家园:天涯 Ad topic 是为广告主提供的分众互动关系营销服务,即依托于天涯"关系基因",有倾向的关联策划营销,互动口碑话题,用户自主接受和自主传播,广告主自主管理。

小提示

呵呵,如果您是明星或者名人的 Fans,您就可以在天涯粉丝墙上尽情地发表您的热爱之情哦!

二、西祠社区

西祠胡同(下简称西祠),始建于 1998 年,是华语地区第一个大型综合社区网站,经多年积累和发展,西祠已成为最重要的华人社区门户网站。

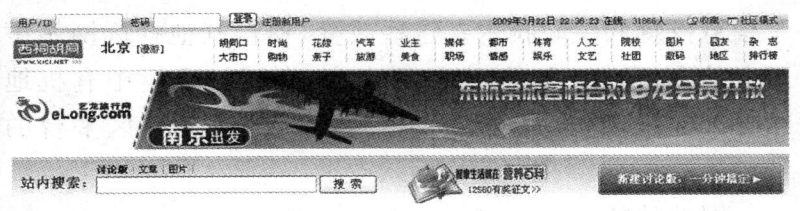

图 7-2 西祠社区

西祠并非传统意义的社区网站，自创立初期，西祠即首创"自由开版、自主管理"的开放式运营模式——即站方管理和维护社区平台及分类目录，用户自行创建讨论版、自行管理、自行发展，自由发表信息、沟通交流。此开放模式体现了互联网的自由和自律精神，且快捷、便利、易于掌握，因此深得用户好评。至今西祠用户已自建讨论版超过20万个，西祠已成为华语地区最大的社区群。西祠用户遍布全国及境外，积累了不同地区、各年龄层次、各种行业、不同兴趣爱好的大量忠实网友，用户群横跨学生、都市白领、记者、编辑、作家、艺术家、自由职业者、商人、党政机关工作人员、公司高层人士、退休老人等。

西祠在地区、人群、兴趣三大主类别下，设立了 30 余个分类，内容丰富多彩、包罗万象。作为开放的综合社区，西祠既有类似 Blog 的个人讨论版，也有以人群为主线的群体讨论版，还有基于商家、商品的消费类讨论版，不同人群对西祠讨论版功能的应用，已使得西祠远远超出普通社区的范畴。

2005 年，西祠进行了创建 6 年来最重要的一次升级，此次升级保留了 BBS 简单、易于参与、方便交流的基本特

征,同时逐步融入 Web2.0 特征的个性化服务,并且优化了信息挖掘和关联技术。这些改变,使得其他社区网站中孤立的人、群体、文章、商品等内容,在西祠环境中有机地结合了起来,这种结合极大体现了西祠开放社区平台的特色。

网站的特点:

1. 简单、友好

在简单易用和功能多样的平衡上,西祠投入了大量精力,因此西祠既不像简单社区一样功能单一,也不像多功能社区一样繁杂、难操作,即使是新用户,也可以在西祠这么一个安全、友好的环境中方便地利用各种创新功能。

如图 7-3 所示,界面简单,一目了然。

图 7-3　西祠板块一角

2. 开放

西祠自行创建讨论版,如自行管理、自行发展,自由发表信息、沟通交流的开放模式,既方便用户发表和阅读信息,又有助于用户形成稳定的用户群,还方便厂商展示产品及提供服务。

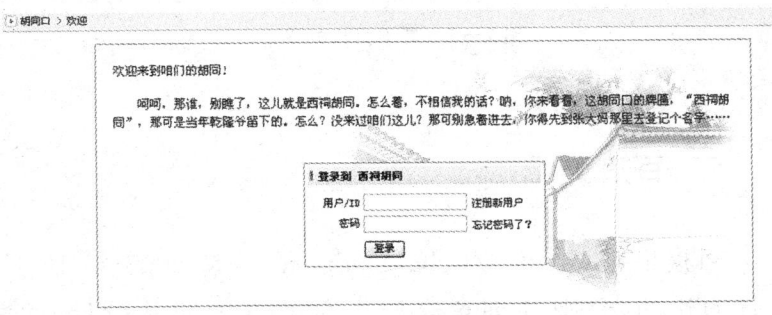

图 7-4　新建讨论版

3. 多样性

西祠包括地区、人群、兴趣三大主类别以及 30 余个子分类和更多底层分类,超过 20 万个讨论版,涉及各种不同内容。同时,各分类频道页面挖掘和汇集各类内容,方便用户在分类中寻找用户、人群、话题、商品等不同信息。

4. 易于交流

西祠既提供单个用户之间的交流途径,也提供群体用户沟通的场所,还方便厂商对用户提供服务,双向、多向互动的交流,使各类信息快速发布和汇集。

图 7-5　易于交流的界面

三、百度贴吧

百度贴吧(http://tieba.baidu.com)是 2003 年 12 月 3 日创建的,贴吧的创意来源于百度首席产品设计师俞军。当时创建这一想法的缘由是,结合搜索引擎建立一个在线的交流平台,让那些对同一个话题感兴趣的人们聚集在一起,方便展开交流和互相帮助。

贴吧里每天有无数新的思想和新的话题产生,"将你的思想赠送朋友,你们将各得到两种思想",只要您使用中文,贴吧就是您交流思想的最好选择。

图 7－6　百度贴吧

百度贴吧是一种基于关键词的主题交流社区；它与搜索紧密结合，准确把握用户需求，通过用户输入的关键词，自动生成讨论区，使用户能立即参与交流，发布自己所拥有的其所感兴趣话题的信息和想法。这意味着，如果有用户对某个主题感兴趣，那么他立刻可以在百度贴吧上建立相应的讨论区。

按照如今 Web 2.0 的发展思潮定义，贴吧完全是一种用户驱动的网络服务，强调用户的自主参与、协同创造及交流分享，也正是因为这些特性，百度贴吧得以以其最广泛的讨论主题（基于关键词），聚集了各种庞大的兴趣群体进行交流。

百度贴吧诞生的意义，是让您可以把头脑中的知识、想法和经验与大家分享，让中国网民不仅能搜寻网上"已存在"的有限信息，还能搜寻人类头脑中的无限信息。自

其诞生以来,百度贴吧逐渐成为世界最大的中文交流平台,它为人们提供一个表达和交流思想的自由网络空间。

贴吧目录

[明星人物] 内地明星 港台明星 网络红人	更多>>	[影视] 电影 内地电视剧 韩剧	更多>>
[体育] NBA球队 国际足球明星 08-09欧冠	更多>>	[时尚休闲] 时尚生活话题 旅游 宠物	更多>>
[音乐] 热门歌曲 电视金曲 电影金曲	更多>>	[电视节目] 09快乐女声 CCTV 台湾综艺	更多>>
[动漫] 动漫人物 动漫作品 动漫周边	更多>>	[游戏] 网络游戏 单机游戏 电视游戏	更多>>
[情感] 恋爱 婚姻家庭 其他情感话题	更多>>	[商业] 汽车 互联网 银行	更多>>
[科教人文] 公益互助 教育与考试 历史话题	更多>>	[校园] 大学 中学 小学	更多>>
[文学艺术] 网络小说 中国作家 文学人物	更多>>	[证券基金] 沪市A股 深市A股 基金	更多>>
[地区联盟] 北京 上海 广东	更多>>	[贴吧家族] 哈利波特 火影忍者 三国	更多>>
[个人空间] 网友俱乐部 个人贴吧	更多>>	[贴吧伙伴] 乐坛卫视 湖南卫视 光线传媒	更多>>
[电脑数码] 软件 编程 电脑硬件与网络	更多>>		

图 7—7 贴吧目录

1. 百度贴吧特点分析

(1)人工信息聚合方式对搜索引擎的补充

对于那些基于信息搜索的需求而找到贴吧的人来说,获得某个主题的信息往往是他们的一个基本目标。但搜索引擎目前还难以高质量地满足这方面的需求。贴吧可以使人们从机器的搜索过渡到人工的信息整合中。拥有不同资源的人们,在这里实现信息的分享,而且信息需求与供给关系更明确,这样获得的信息针对性往往更强。贴吧成为对百度这样的搜索引擎的一个有益补充。

(2)共同兴趣爱好者的快捷聚集

尽管网上有难以数计的由兴趣爱好者组成的社区,但是,如何找到它们却不是一件容易的事,找到一个有代表性的社区更是困难。百度贴吧最重要的特点就在于,它利用自己在搜索引擎领域的知名度与地位,为各种兴趣爱好者的聚集提供了一个最便捷的方式。只要知道百度,就可以通过关键字找到同道者。而百度的知名度也有助于使某一个关键字的贴吧成为一个具有代表性的贴吧。

（3）封闭式交流话题带来的深度互动

与很多社区不同的是，贴吧创造的往往是一个话题非常封闭的社区。虽然理论上这些社区也可以有更开放的讨论主题，但是多数贴吧的成员更愿意围绕一个封闭的主题来展开交流，这就促进了互动深度的不断挖掘。

（4）"粉丝文化"的催化剂

百度贴吧的迅速走红，是与"粉丝"及"粉丝文化"的流行紧密相关的。在"粉丝文化"的发展过程中，百度贴吧也起到了重要作用。"粉丝"来自英文"Fans"，意为"迷"，在中国，主要指某个明星（或平民偶像）的崇拜者。"粉丝"现象是随着湖南电视台的"超级女声"及其他电视选秀节目的影响力日增而不断发展起来的。

（5）文化研究的新途径

英国的研究者戴维·冈特利特在他主编的《网络研究——数字化时代媒介研究的重新定向》一书中认为，互联网提供了一种新的"摇椅"式的研究方法。他在研究了一个关于电影的网站（互联网电影数据库——IMDb）后指出，那些观众的评论虽然"并不能代表一个完整的电影观众群。但是，这些观点比那些由电影研究专家们写的单一的、主观的、通常还是晦涩难懂的'解读'性文字要好。事实上这些样本与多数定量研究中使用的样本一样具有价值（也很奇特），人们所提供的数据就是他们就电影自发地发表的感想，也是他们想要写的话"。

2. 百度贴吧的新功能

百度贴吧为旗下社区产品提供了视频分享功能,吧主及"视频小编"将拥有上传和编辑权限。这是百度贴吧继开放图片上传、名人堂等功能之后,打造开放性、用户共建式社区平台的又一重大举措。据百度相关负责人介绍,百度已向贴吧目录中的上万个贴吧开放了视频功能,每个贴吧拥有 20G 视频存储空间,单个视频文件最大允许容量为200M,远远超过其他视频分享网站 1G 左右存储容量。此外,贴吧也提供了视频转帖功能,用户可以轻松地转发到各个贴吧中,与其他同好者分享。目前视频上传和编辑权限开放给了吧主和由其任命的"视频小编",未来这一功能将开放给更多用户。据了解,每个贴吧最多可以任命 10个"视频小编"。在此之前,百度贴吧已相继开放了图片上传、名人堂、档案、自定义链接等多个用户接口。尽管没有提供独立的视频分享入口,百度借贴吧切入视频分享服务领域,将可能给视频行业造成巨大冲击,"百度依托其搜索平台的架构优势,将极大地改进目前网络视频观看速度依然偏慢的状况,而贴吧庞大的用户群体和完善的内容贡献体系,将会使贴吧视频爆发式增长。"据百度的最新数据显示,截至目前,用户已在百度上创建 200 多万个贴吧,每天上千万的用户在贴吧发帖,累计帖子总数已高达近 30 亿。而据 Alexa 显示,贴吧的流量已经占到了整个百度总流量的 10%。

今日贴吧功能更加强大了,新的贴吧会员上线,功能更加强大,天气预报登录,贴吧日历上线,贴吧外交 ID 申请制度出炉,百度贴吧语音验证码上线,为更多的吧友提供更大的便利，更好的服务。只有想不到的，没有百度做不到的。

3. 如何创建属于自己的贴吧

在网页上方的搜索框内键入您所想创建的贴吧名称，然后点"百度一下"按钮，如图7-8所示。如果该吧尚无人发帖，那么直接发帖，就可以创建贴吧了。如图7-9所示，创建后，需要等待管理员审核。新贴吧的审核在一个工作日以内，请耐心等待审核。如果没有通过，请您继续发帖创建。请在搜索栏内，输入您所创建的贴吧名称，百度一下，就可以查询到您的贴吧是否已经创建。

图7-8 建立属于自己的贴吧

提示信息

您的贴子已经成功提交，但需要系统审核通过后才能建立贴吧 点击返回

图 7－9　成功建立贴吧

4. 如何进入贴吧

第一步:进入贴吧,来到贴吧首页,在搜索框内填入一个词,按一下百度搜索按钮,就直接进入贴吧了。

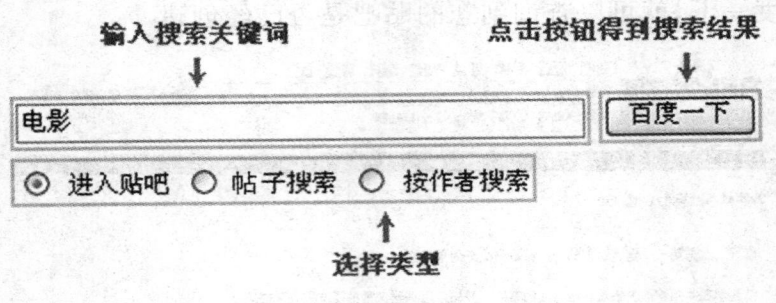

图 7－10　输入关键字进入贴吧

第二步:浏览帖子,进入贴吧后,点击任何一个题目就可以看到帖子。

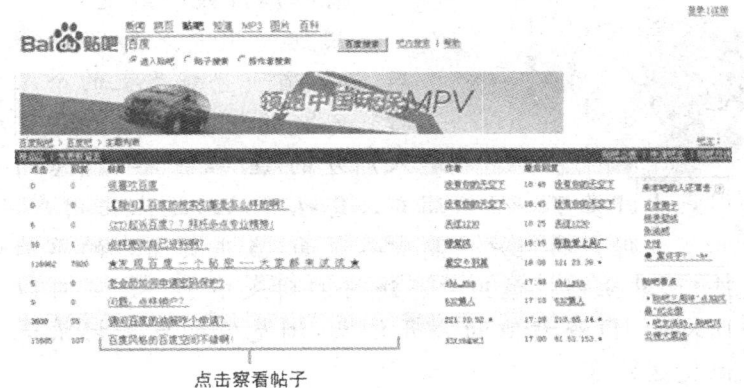

点击察看帖子

图 7－11　浏览帖子

第三步：发布新帖，进入贴吧想发言，点一下导航条上方的发表新留言或是帖子页面导航上方的快速回复，在右边的框里填上您的观点，输入图片中的验证码，再按发表帖子，您的大作就出现在网页最上方了。

A：填入标题；B：填入内容；C：粘贴图片链接；D：填写验证码；E：发表帖子。

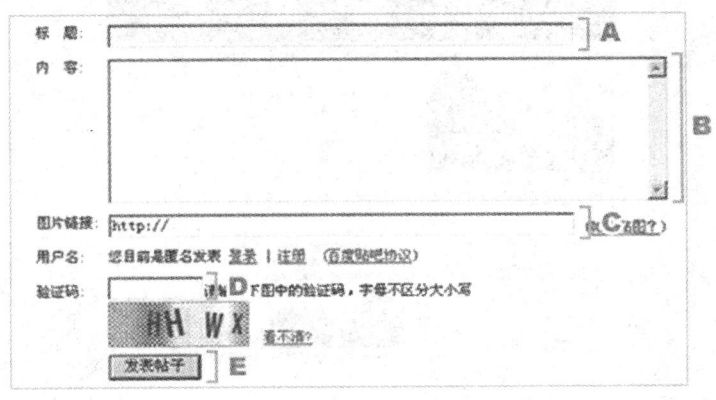

图 7－12　发布新帖

怎样添加我的好友?

用您的用户名和密码登录后,进入首页导航条上的个人中心——我的朋友选项,在这里填入朋友的 ID 点击添加,您的朋友列表中就多了一位新朋友。您也可以通过点击用户名,打开某个用户的用户信息中心页面,点击页面中的添加好友选项,就立刻把该用户存进好友列表中了。您还可以点击朋友的 ID 查看他的公开信息,浏览他的发言记录或者给他发送消息。

四、凤凰网论坛

凤凰网论坛 http://bbs.ifeng.com/ 延续着凤凰频道品质,从建立之初到现在,风格日渐成型,版块结构不断完善。目前已成为一个包含社会、人文、军事、体育、娱乐、时尚、财经、科技、教育的大型综合性论坛。

图 7—13 凤凰网论坛

第 八 章
警惕网络聊天诈骗

一、网络聊天也诈骗

现代社会纷繁复杂,诈骗在当今社会已成为一个严重的社会问题。特别是网络的盛行,网络聊天诈骗也越来越盛行。网络聊天、交友,甚至与"网友"恋爱、成家。针对现代人生活、工作压力大,渴望倾诉、交流的心理需求,不法分子设计出新型虚假信息诈骗方式,达到诈骗目的。

　　所谓网络聊天诈骗,就是指诈骗人通过网络聊天的方式骗取受害人的钱财、感情,不法分子掌握受害者心理特点,聊天中字里行间对受害者"体贴入微","循循善诱",一步步消除受害者心理防备,最终使之自愿上当受骗。

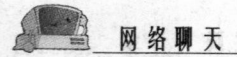

二、网络聊天诈骗的手法

网络诈骗手法很多,尤其是通过网络认识的人,他或者她与您认识也许就是带有目的的。网络是一个花花世界,什么类型的人都会混迹在上面。

1. 利用网上聊天的虚拟性,以骗色骗情开路,最后骗取钱财

这主要是针对单身人士,特别是寂寞的人,他们通过网络聊天宣泄情感,进行交流。一些不法分子利用这些人的情感困惑以及缺乏警惕性,设置圈套和陷阱,诱其上当受骗。

2006 年 8 月至 2007 年 1 月间,白荣孝(化名)在"易缘网"网站上与史某相识。白荣孝通过编造虚假的个人信息和经历以及承诺与史某结婚等方式,骗取史某信任后,以做生意、治病等名义,多次骗取史某人民币共计 15 万元。后白荣孝以到江浙做生意为由离开北京,不再与史某联系,并将赃款全部挥霍。2008 年三四月间,白荣孝故伎重演,在"世纪佳缘"网站上与陈某相识,骗取陈某信任后,以开公司等名义,多次骗取陈某人民币共计 39.19 万元。同年 4 月 18 日,白荣孝被公安机关抓获。

白荣孝一案中,史某、陈某的教训值得人们很好地吸取。在白荣孝行骗过程中,有的人虽然与其聊天,也发展到见面交往的程度,但由于保持了一定警惕性,就没有上当受骗。在与白荣孝交往的女性中有一位张某,网聊中与白荣孝十分投缘,但张某却没有被白荣孝"清华大学在读

MBA 工商硕士"的假身份忽悠住,在白荣孝以各种理由骗钱时均被拒绝。

【为您支招】

在与陌生人聊天时,一定要擦亮眼睛,不要轻信他人的花言巧语,更不能被几句甜言蜜语所迷惑,要时刻保持应有警惕性,不给白荣孝这样的骗子可乘之机。

2. 利用编造不幸遭遇博取同情,进行诈骗

2005 年,龙湾警方破获一起使用 QQ 诈骗钱财的案件,网名为"林家大少爷"的犯罪嫌疑人王某自称是身患绝症的某企业继承人,在取得信任后,以借钱等名义骗走数名女网友价值不菲的钱物。据了解,20 多岁的温州女青年小叶就职于温州某大型公司,一天在家上网时,在 QQ 上遇到网名为"林家大少爷"的男网友,很快就被对方的能说会道所吸引。几次聊天后,对方告诉她自己是一家族企业的唯一继承人,但不幸生了脑瘤,医治好的成功率很低,现在很苦闷,且已对生活失去了信心。对方"不幸"的遭遇博得了小叶的同情,她多次鼓励他要树立起与病魔做斗争的信心。随后"林家大少爷"提出了见面的要求,小叶一口应承。当晚两人在市区某茶座吃过晚饭后,就在宾馆开房间发生了关系。取得小叶的信任后,在随后的三天里,"林家大少爷"以各种借口向叶某借了 9500 元钱,并以试用电脑宽带为由把她同事的手提电脑借走。11 月 30 日下午,财色双收的"林家大少爷"借口公司有事,一去不返。接到小叶报警后,警方发现此次案件和 9 月份发生的一起案件

如出一辙。经过详细分析和侦查，警方锁定了家住温州经济技术开发区雁荡西路某处的王某，并迅速将其抓获。经审讯，犯罪嫌疑人王某对其利用网上交友诈骗的犯罪事实供认不讳。据龙湾警方介绍，犯罪嫌疑人王某系本地人，只有小学文化，而且是个无业游民，曾经因盗窃、诈骗坐过牢。

在与陌生人的聊天中，只要谈到钱的就不要去理对方，千万不要去相信网络上对话的任何一句话。若要发生感情或友情，也应在见过面后依相见的次数与感觉论定。

3. 提供违禁物品虚假信息，设置陷阱，骗取钱财

在聊天过程中，骗子会给您发送一些网页，如一些很特殊的购物网页，上面卖的全是国家明令禁止的违法产品，有电动万能开锁器、手机窃听器、电话监控器、远程窃听器等一些所谓的秘密产品。

这些很容易让人产生好奇心的产品究竟是真是假？有没有人去购买？在厦门看守所一位曾经经营过这些产品的犯罪嫌疑人易永南讲："我也不知道里面东西是什么样的，随便卖。人家喜欢什么我就卖什么。你说我给人家买都买不到，我见到就不用给人家买了。"

为了取得购买者的信任，他告诉受害者自己是一家香港公司，地点设在九龙的富华大厦，并声称在大陆还设有多个销售地点。在网页的后边还特意向购买者解释，因为销售的产品在目前还是很敏感或很具争议的产品，所以要

采取特殊的交易方式,要求购买者先汇款后寄货,这样就打消了一些购买者的疑虑。易永南表示:"信口雌黄,随便说,三百五百一千三千也可以,从多到少,跟卖东西一样,跟卖菜一样,从两块钱卖到一块,可以降到五毛。"

上当受骗者把钱汇到易永南账户里,他就马上到自动取款机把钱取走。在短短的四个月时间里,只读过初中的易永南就通过网络空手套白狼诈骗了 60 多人,骗取人民币 40 多万元,并用赃款在厦门购买了两套住房。警方告诉我们,实际上他就是在利用一些人想得到违禁物品的不法需求来进行诈骗。而在调查中发现,更多的不法骗子网上行骗的时候,则是通过低价商品诱使受害者上当。这种行骗方式更具有诱惑性、广泛性。

为您支招啦!

在 QQ 聊天时不要轻易相信陌生人给您发送的信息,更不要走入其为您设计好的圈套中去。

4. 利用合法平台,发布虚假商品信息,非法吞取购买者的钱财

这和第三种诈骗方式相似,诈骗人将这些信息发布到你的 QQ 上,通过利用一些人的心理进行诈骗。一些二手栏目的编辑在审核信息的同时,会把那些欺骗信息中的联系电话及 QQ 做记录,另外也会从其他网站收集有行骗嫌疑的电话和 QQ 号码。骗子经常变换不同的姓名行骗,但电话及 QQ 号变化的不多,交易之前,使用这个进行查询,预防被骗。

5. 建立网页或网站,发布价格低廉没收走私等商品信息,骗取钱财

将网页地址发到你的聊天工具上,骗取信任。在泉州安溪县看守所的犯罪嫌疑人易黑龙,他看到别人仅花几百块钱建一个网页,就能轻松地赚到滚滚财源。于是只有初中文化的他,在 2003 年 10 月花了 600 元钱请人建了一个网站。在这个网上,他发布很多虚假商品信息,称有汽车、笔记本电脑、计算机配件等二手商品销售,价格全部低于市场价 50%。犯罪嫌疑人易黑龙说:"抓住对方贪小便宜的心理,价格便宜。"福建泉州安溪县公安局网安科科长陈前进讲:"比如说笔记本一万二,他在网上发布就五千、六千。"很快,有不少消费者看到如此低廉的商品就跟他打电话联系,他便要求对方先交付 20%～30% 的订金。如果对方不愿意交订金,他就主动给对方寄一个电脑配件以取得顾客的信任。易黑龙给别人寄去的配件价值只有 100 多元,而骗取的订金却能有 1000 多元。有些购买者急于要买到便宜的商品,于是易黑龙抓住这种心理,一个人扮演业务员、总经理、董事长等不同角色,与对方通电话迷惑对方。易黑龙说:"身份不同,通过经理身份联系这样效果好,讲话语气声音上做了一些伪装。"在电话中他通过扮演不同的角色,告诉对方这些东西都是通过走私进来的,公司也要承担一定的风险,从而骗取对方把后边的余款一次次地寄过来。他骗取最大的一笔款项是江苏的一位受害者,前后给他寄了 30000 多元。2004 年 5 月,公安部门根

据受害者举报,在永春县抓获了犯罪嫌疑人易黑龙。

6. 在网络上提供特供产品,发展会员,骗取入会费

将特供产品的信息发布给您,以发展会员等等手段,让您将会费打入特定银行卡,达到骗财目的。

三、教你防范网络聊天诈骗

1. 警惕"温柔陷阱"

近年来,以"银联卡被盗用消费、亲友发生交通事故、购买商品退税、低价销售商品、返还电话费、出口退税"等形形色色虚假信息诈骗在福建屡禁不绝。

虚假信息诈骗犯罪嫌疑人通常利用人们贪财好利、避

险怕损的心理特点,编造种种理由,或以利益引诱,或威胁相迫,促使人们掏钱。网络交友诈骗是新类型诈骗犯罪,不法分子针对现代人工作、生活节奏快、压力大、渴望倾诉、交流的心理需求,利用网络虚拟性特点,招聘、培训青年女性,通过网络聊天、交友、恋爱,取得受害者信任,骗取钱财。

提醒

层出不穷的虚假信息诈骗是针对受害者心理弱点,公众需提高警惕,特别是对不法分子提出的汇款请求,一定要反复核实,不给对方可乘之机。

2. 警惕"物美价廉"

有很多聊天窗口会有陌生人或者联系人给你发送一些关于"物美价廉"的信息,骗取受害者的信任,而且他们主要抓住受害人贪图小便宜的心理,引诱受害人上钩。

网络交易与传统的商品交易有着明显的区别,消费者只能通过电子商务网站页面广告获取有关商品的信息,不能实地亲自观察、挑选和检验商品,这样商品的真伪瑕疵全然不知,更不用说质量与性能。

网上购物虽然方便快捷,但只能看到物品的图片而看不到真实物品的样子,一手交钱一手交货的环节没有了,而且个别店主的信誉程度低,商品介绍得天花乱坠,真实性难以辨别。现在有些网站只是起到推广商品的作用,买家只需和卖家商谈,购买商品,网站并没有起到监管的作用,而且商品的发送运输环节并不通过网站,如果中间发生任何纠纷,网站的责任有多少,应该由谁承担呢?

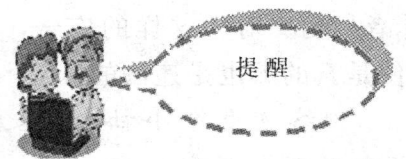

提醒

不要轻易相信网络上的物美价廉的广告,如果您真的很喜欢这个产品,那也需要更多的证实才能购买,而且通过网上正式的购物方式进行,而不要贸然行动。

枪支出售13451206807猎枪出售13451206807手枪出售13451206807出售小 …
枪支出售13451206807猎枪出售13451206807手枪出售13451206807出售小口径,基金吧,东方财富网,文章节摘.
fund2.eastmoney.com/jjdt,1693178,jijin.html - 8小时前 - 类似网页

虎头牌猎枪出售军用手枪出售军用枪支出售13480006953卖手枪- 运动休闲 …
2009年3月18日 … 西域玩家联盟虎头牌猎枪出售 军用手枪出售军用枪支出售13480006953 卖手枪越南军火商长期对外出售各种正宗军用手枪,自制手枪,进口手枪,国内外各款式 …
bbs.xiyuit.com/redirect.php?tid=7080&goto=lastpost - 42k - 网页快照 - 类似网页

枪支出售13451206807猎枪出售13451206807 - 商桥网
商桥网汇集全国各地各类产品制造商名录,提供内外贸供求信息,为供应商、制造商、出口商与全球采购商搭建贸易之桥。
china.bridgat.com/page-o390365.html - 18k - 网页快照 - 类似网页

枪支出售电话13164399732__J部落__太平洋游戏网
枪支出售电话13164399732 QQ714950520,QQ714950520 各种型号都有…枪支出售13164399732 QQ714950520出售各类军用手枪及防身器材13164399732,QQ714950520进口德国制式 …
j.pcgames.com.cn/blog.jsp?bid=291051 - 40k - 网页快照 - 类似网页

枪支出售电话13164399732论坛问题评论- 卡优卡车讯网
枪支出售电话13164399732汽车评论. … 枪支出售电话13164399732 QQ714950520,QQ714950520
各种型号都有…枪支出售13164399732 QQ714950520出售各类军用&lt …
www.carxoo.com/bbs/article-61425.html - 20k - 网页快照 - 类似网页

枪支出售15180008725 - 综合百货网上购物论坛-大拿网

图 8－1　虚假信息广告

3. 警惕"秘密产品"

所谓秘密产品,就是国家明文规定不能交易的产品,如图8－1所示的,枪支交易在中国是违法的,像这样的广告,如果出现在您的聊天工具中,或者某个人给您发送这

样的广告,那您千万不要去付诸行动。对于这样的广告,一般其信息显然是虚假的,即使是真的那也是违法的。

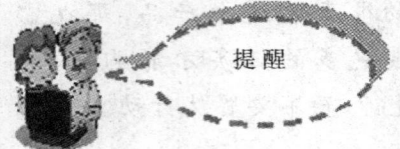

提醒

网络也是个小社会,您可千万不要掉以轻心,特别是网络的虚拟性给这种情况增加了保护。不要轻易相信陌生网友的话,随时保持警惕。